JN108261

AIシステムと人・社会との関係

山口高平・中谷多哉子

AIシステムと人・社会との関係（'20）

装丁・ブックデザイン：畑中　猛

s-71

まえがき

現在，第3次AI（人工知能）ブームが続いており，社会実装されるAIシステムが普及してきた。AIは，元来，情報工学の一分野を形成する専門用語であるが，このブームが進むなかで，日常生活で使われる社会用語にもなり，AIに関心を寄せる人が増えてきた。しかし，逆に，AIシステムを正しく理解していないために，混乱も起こり始めている。

以上の背景により，機械学習やディープラーニングなどの特定のAI技術だけでなく，AI技術全体を俯瞰するとともに，様々なAIシステムの適用可能性と限界を正しく認識し，AIが国際競争にもなり始めている現実を正しく認識することは喫緊の課題であると考え，本書の執筆に至った。

本書では，まず1章から5章において，60年以上に渡って発展してきたAI技術について学ぶ。1960年代の第1次AIブームでは，汎用的な問題解決方法，演繹推論，探索技法，刺激反応モデルによる対話システム，知能ロボット，単純パーセプトロンについて学ぶ。第1次AIブームでは実問題が解けないという批判があがり，1970年代は第1次AI停滞期になったが，その批判を克服するために，コンピュータ内で知識を表現・利用・獲得する技術の総称である知識工学の有用性を実証するMYCINプロジェクトについて学ぶ。1980年代の第2次AIブームは，MYCINの成功を受けて，専門家の業務を代行支援するエキスパートシステム，日本のAI国家プロジェクト第5世代コンピュータ，および多層パーセプトロンについて学ぶ。しかしながら，知識獲得には多大なコストを要するという知識獲得ボトルネックに対する批判があがり，多層パーセプトロンの性能にも限界があることが指摘され，1990年代～2000年代は，第2次AI停滞期になった。しかしながら，この期間，これらの課題を克服するために，データに内在するパターンを発見する機械学習が幅広く研究され，多層パーセプトロンよりも学習精度が高くなるとともに，大規模データがあれば，多層パーセプトロンを10層程度にしても学習可能となる，精度の高いディープラーニングが登場し，米国では2012年頃，日本では2015年頃から，機械学習とディープラーニングの全盛期となり，2010年代以降の第3次AIブームに至ることを理解する。

次に，6章から12章においては，スポーツコーチ，自動運転，ロボット飲食店，間接業務，社会インフラ点検，授業支援ロボット，知的パートナーという7分野におけるAIシステムの実践例について学ぶ。スポーツデータマイニングによるコーチ支援，認知・判断・操作から成る自動運転の仕組みと自動運転のレベル，ロボット飲食店の実用化の成功失敗例，間接業務でのパソコン定型操作代行であるRPAと業務ルール適用可否を判断するBRMSの利用，社会インフラ点検では，道路橋梁ひび割れ検知，ETC点検業務支援，除雪車運行スケジューリングなどの実践例，授業支援ロボットでは，教師とロボットの連携方法，知的パートナーAIでは，オントロジーを利用した議論支援，Project Debaterについて学ぶ。13章では，これらのAIシステムの実践例を総括する。

最後に，14章と15章では，AIシステムと人・社会の関係がより密接になる未来社会において，AIシステムの活用・開発時の留意事項を紹介し，AIが世界レベルの競争となっている現状，米国・中国・欧州・日本のAI国家戦略，およびAI倫理を中心とするAI国際協調についても学ぶ。

第3次AIブームにおいては，国家・企業間でAIシステムの熾烈な研究開発競争が続いており，放送中に，本書で紹介した企業が淘汰される，あるいは，有望な企業が新しく登場してくるかもしれない。それ程までに，AI はダイナミックに変化している分野である。そのような変化があることを念頭に置いて，本書を利用して頂ければ幸いである。

2019 年 10 月
山口高平
中谷多哉子

目次

写真提供：株式会社ユニフォトプレスインターナショナル
提供一覧：図1-9［©2019 Computer History Museum］，図5-2［Google］，図5-3，図5-7，図5-8，図5-9
図5-10，図7-1，図7-4［Velodyne Lidar］，図7-5，図7-6，図7-7，図7-8，図7-9，図7-10［California Department of Motor Vehicles］，図8-1，図8-2，図10-1，図10-2［提供：NEDO，富士フィルム，イクシス］，図12-4，図12-5，図12-8，図12-9，図14-1

1　AIの誕生と1960年代第1次ブーム

山口　高平

《目標＆ポイント》 本章では，AIの定義が多様である現状を理解した後，ダートマス会議から始まった第1次AIブームと呼ばれる，1960年代の記号主義AIの代表的なAI研究，およびニューラルネットワークの研究を概説し，最後に，そのブームが終焉に至った理由を説明する。

《キーワード》 AIの定義，ダートマス会議，一般問題解決器GPS，導出原理と定理証明，縦型探索，横型探索，A*アルゴリズム，ELIZA，人工無能，初期の知能ロボット，SHRDLU，STRIPS，Shakey，単純パーセプトロン，第1次AIブーム，Toy Problem

1．はじめに

近年，人工知能あるいはAI（Artificial Intelligenceの略。エーアイと読む）という言葉が，日本では2015年頃から，日常会話レベルでも使われるようになり，2017年のある調査では，「AIは日本語では何と言うのか？」と多くの一般人に尋ねたところ，年齢・職業に依存せず，90％以上の人が人工知能だと答えることができ，AIという用語は，専門家が使う研究分野としての専門用語から，一般人が使う，社会・産業構造を変革する意味での日常用語に変貌してきたと言える。

AIとは，元来，人の知的な振舞いを実行するソフトウェアの研究分野であり，1956年のダートマス（アメリカ中西部の都市）会議で，10数人の研究者が集まり，AIという専門用語が誕生し，60年以上の間，隆盛期と停滞期を交互に繰り返しながら，米国では2012年頃より，日本では2015年頃より，3回目のAIブームが到来し，専門用語から，多くの人に馴染んだ日常用語に変貌してきた。これは，AIスピーカのようなAIシステムが日常生活で多く使われ，一般人との関りが深くなってきたことが大きな要因であろう。しかしながら，AIの意味を漠然と捉え，誤用も多く，混乱も見受けられる。専門用語としてのAIの意味を正しく理解することにより，AIに対する誤解を防ぐこと，および，次世代AIとして位置づけられてきた「人とAIとの協働体制」についても正しく考察できるようになること，それが本書の目的である。

(1) AIの定義

AIとは，人の知的な振舞いを実行するソフトウェアの総称と述べたが，その研究方法論により意味が変わり，AIの統一的定義は存在しないといえる。AIの研究は，まずエンジニアリング的立場とサイエンス的立場に分かれ，さらに方法論的には，①表象主義･記号主義，②ニューロコンピューティング，③心理学，哲学，言語学，脳神経科学等の学際領域，等に分かれる。

AIに関連する日本の学会については，人工知能学会は①＋②，日本神経回路学会は②，日本認知科学会は③と関連し，その他，ロボット学会，情報処理学会，電子情報通信学会，日本知能情報ファジィ学会，日本ソフトウェア科学会，などの学会がAIと関連している。

本書では，①と②に関連するエンジニアリングAIに焦点をあて，このAIが社会構造・産業構造に与える影響について考察していく。

まず，文献［1］から，日本人AI研究者によるAIの定義一覧を**表1-1**に示す。彼らは，人工知能学会，および①のエンジニアリングAIと関係が深いが，ここまで限定しても，研究実績により，AIの定義が異なることが判る。**表1-1**の研究者は，知識表現，自然言語（日本語とか英語)理解,創造性,機械学習,ディープラーニング(深層学習),ゲーム,知能ロボット,マルチエージェントなどのAI研究に携わってきており,その研究テーマに思い入れがあり,AIの定義が微妙に違ってきていると見て取れる。

表 1-1　日本人AI研究者によるAIの定義

研究者	所属	定義
中島秀之	公立はこだて未来大学	人工的につくられた,知能を持つ実態。あるいはそれをつくろうとすることによって知能自体を研究する分野である
武田英明	国立情報学研究所	
西田豊明	京都大学	『知能を持つメカ』ないしは「心を持つメカ」である
溝口理一郎	北陸先端科学技術大学院大学	人工的につくった知的な振る舞いをするためのもの(システム)である
長尾真	京都大学	人間の頭脳活動を極限までシミュレートするシステムである
堀浩一	東京大学	人工的に作る新しい知能の世界である
浅田稔	大阪大学	知能の定義が明確でないので,人工知能を明確に定義できない
松原仁	公立はこだて未来大学	究極には人間と区別が付かない人工的な知能のこと
池上高志	東京大学	自然にわれわれがペットや人に接触するような,情動と冗談に満ちた相互作用を,物理法則に関係なく,あるいは逆らって,人工的につくり出せるシステム
山口高平	慶應義塾大学	人の知的な振る舞いを模倣・支援・超越するための構成的システム
栗原聡	電気通信大学	人工的につくられる知能であるが,その知能のレベルは人を超えているものを想像している
山川宏	ドワンゴ人工知能研究所	計算機知能のうちで,人間が直接・間接に設計する場合を人工知能と呼んで良いのではないかと思う
松尾豊	東京大学	人工的につくられた人間のような知能,ないしはそれをつくる技術。人間のように知的であるとは,「気づくことのできる」コンピュータ,つまり,データの中から特徴量を生成し現象をモデル化することのできるコンピュータという意味である

(2) ダートマス会議

既に述べたように,AI研究(主に記号主義AI)は,1956年のダートマス(アメリカ中西部の都市)会議から始まる。ダートマス会議では,本会議の主催者であり,AIプログラミング言語Lisp(リスプと発音)の開発者であり,AIという用語の提唱者であるジョン・マッカーシー(John McCarthy, 1927年9月4日－2011年10月24日),AIと認知科学や哲学との関連性を追求したマービン・ミンスキー（Marvin Minsky, 1927 年 8 月 9 日－2016 年 1 月 24 日［1］），世界初のチェスプログラム開発者と機械学習の提唱者であるアーサー・リー・サミュエル（Arthur Lee Samuel，1901 年－1990 年 7 月 29 日），情報理論の提唱者であるクロード・エルウッド・シャノン（Claude Elwood Shannon, 1916 年 4 月 30 日－2001 年 2 月 24 日）など，10 名の AI 研究者が参加した。ダートマス会議では，当時流行していた研究オートマトン（入力文字列が意図された形式言語としての可否を判定する機械）と AI はどのように異なるのか？人間のような知的な動作を機械に実行させるにはどうすればいいのか？知性の本質は何か？のような一般的テーマについて議論されるとともに，言語理解，機械学習，ニューラルネットワークのような，今なお重要な AI 研究テーマについても議論された。

2. GPS 導出原理，探索

(1) 一般問題解決器 GPS

1957 年，ハーバート・アレクサンダー・サイモン（Herbert Alexander Simon，1916 年 6 月 15 日－2001 年 2 月 9 日）とアレン・ニューウェル（Allen Newell, 1927 年 3 月 19 日－1992 年 7 月 19 日）が，一般問題解決器 GPS（General Problem Solver）を提唱した。GPS では，汎用問題解決方法として手段－目標解析（Means-Ends Analysis）が実現されたが，これは，初期状態と目標状態の差異を小さくするオペレータ（操作）を選択・適用する方法であり，数学の定理証明，チェスのようなボードゲームなど，記号で表現可能な多くの問題に適用可能であることが示された。手段－目標解析は，問題内容に依存しない汎用問題解決方法ではあるが，問題を記号レベルで形式的に表現することが前提条件であるのに対して，形式化できない実問題も多いことから，実問題にはあまり適用できないという批判を受けた。

このような状況下で，1960年代のAI研究は，実問題を解くアプローチも出現したが，依然，汎用問題解決方法の研究が主流であり，コンピュータ上で演繹推論としての三段論法を実現する導出原理（Resolution Principle），問題解決の道筋を自動的に発見する探索方法としてのA*（エイスターと発音）アルゴリズムが提案され，AI研究者からは多くの関心を集めた。

(2) 導出原理と定理証明

コンピュータによる定理自動証明は，1960年代，いくつかの方法が提案されたが取り扱いが複雑であったのに対し，ジョン・アラン・ロビンソン（John Alan Robinson，1930年3月9日－2016年8月5日）により1965年に提案された導出原理は，三段論法と単一化（unification）という代入操作だけで，定理自動証明を実現するものであり，コンピュータによる実現容易性から支持を受け，1970年代の論理型AIプログラミング言語Prolog（プロローグと発音。Programming in Logic），および1980年代の日本の第5世代コンピュータの理論的基盤として継承されていった。導出原理に基づく定理証明は，様々な事柄を論理式で表現した後，背理法を利用し，証明したい事項の否定文から，導出原理を適用して矛盾を導出し，その証明したい事項が正しいことを示す間接証明法である。

例えば，

(A) すべての人間は死ぬ運命にある：∀X（MAN(X)→MORTAL(X)）

(B) 太郎は人間である：MAN（“太郎”）

から，

(C) 太郎は死ぬ運命にある：MORTAL（“太郎”）

を証明してみよう。

まず，

(A) MAN (X) → MORTAL (X)

(B) MAN (“太郎”)

(C) ～ MORTAL (“太郎”)　　証明事項の否定

が入力論理式の集合となり，(A) と (B) に導出原理を適用して，

(D) MORTAL (“太郎”) (X に“太郎”を代入)

(C) と (D) に導出原理を適用して，

(E) 空 (正しいことは何も存在しないという意味なので，矛盾)

よって，(C) (太郎は死ぬ運命にある) が正しいことが証明されたことになる。

(3) 探索，縦型探索，横型探索，A*アルゴリズム

探索は，初期状態 (問題が与えられた状態) からゴール状態 (問題が解かれた状態) に移行するパス (経路) としての解決方法を見つける方法であり，大きく，盲目的探索 (blind search) とヒューリスティック探索 (heuristic search) に分けることができる。

以下，**図 1-1** のような分岐点と行き止まり点に記号を付与した迷路を考えよう。**図 1-1** において，濃いアミのサークルの **S** は出発ノード，濃いアミのサークル **G** は目標ノードであり，白サークル文字は分岐ノード，うすいアミのサークル文字は行き止まりノードを表す。ここで例えば，ロボットが **S** に位置し，試行錯誤しながら **G** に到達する方法，すなわち，**S** から **G** へのパスを見つけることが探索となる。木構造で表現すれば，探索方法を考えやすくなるので，出発ノード **S** を木の頂点 (ルートノードと呼ぶ) とし，ノードの接続関係により，ルートノードから下位に木構造を展開すれば，**図 1-1** の迷路は**図 1-2** の木構造に変換される。

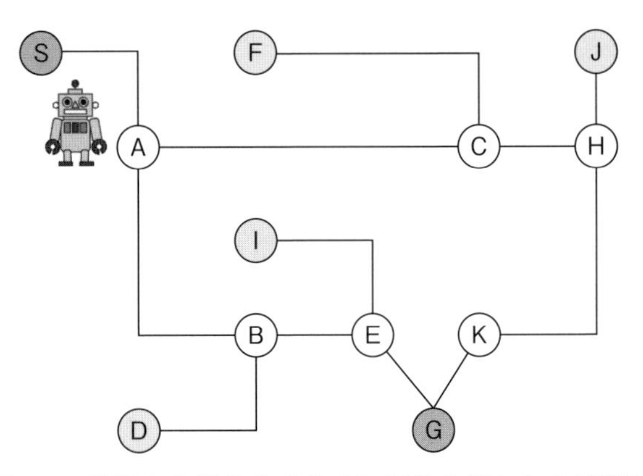

図 1-1　分岐点と行き止まり点に記号を付与した迷路図

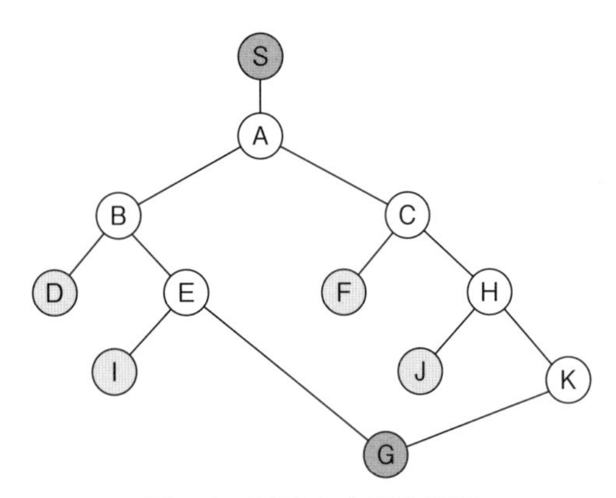

図 1-2　迷路の木構造表現

盲目的探索とは，ゴールへの到達容易性などを推測せずに，ある原理に従って機械的に探索する方法であり，縦型探索（あるいは深さ優先探索，depth-first search）と横型探索（あるいは幅優先探索，breadth-first search）が代表的である。

縦型探索とは，縦方向を優先して木構造を探索し，縦方向にそれ以上探索できなくなると，横方向に探索していく方法である。**図 1-2** の

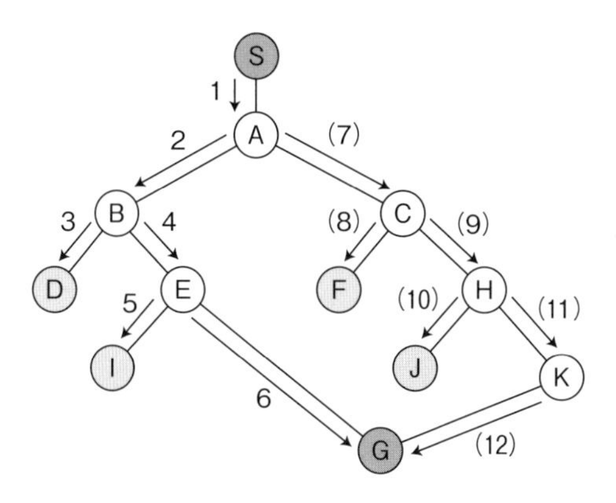

図1-3　SからGへの縦型探索

木構造に対する縦型探索の結果を**図1-3**に示すが，左縦方向から探索を開始し，A→B→Dと探索が進むが，Dからは探索が進まないので，Bに後戻りし，Bから縦型探索を開始し，E→Iと探索が進んだ後，同様にEに後戻りし，Eから縦型探索を再開し，結局，1-6の順序の探索によりGに到達し，探索が完了する。もし，Gへの他の到達方法を調べる場合は，Eに後戻りしても新たな探索部分はなく，Bに後戻りしても同様で，結局Aまで後戻りして(7)～(12)の順番でGに到達できる。

一方，横型探索とは，横方向を優先して木構造を探索し，横方向にそれ以上探索できなくなると，縦方向に探索していく方法である。**図1-2**の木構造に対する横型探索の結果を**図1-4**に示すが，同じ深さレベルのノードを左から右方向に探索し，深さ1レベルでA，深さ2レベルでB→C，深さ3レベルでD→E→F→H，深さ4レベルでI→Gとなり，結局，1-9の順序の探索によりGに到達し，探索が完了する。もし，Gへの他の到達方法を調べる場合は，9から再開し，深さ4レベルで横型探索を再開しJ→Kとなり，深さ5レベルで(10)～(12)で再度Gに到達できる。

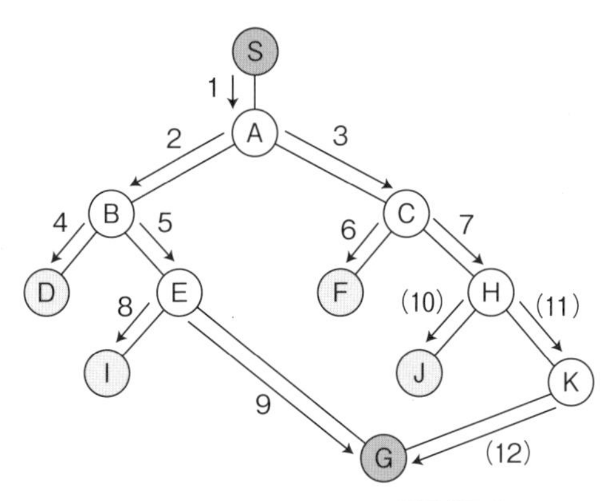

図 1-4　S から G への横型探索

以上，縦型探索と横型探索を説明したが，これらの盲目的探索は，解があれば必ず見つかるが，機械的に探索を進めるため，木構造が大規模になると，膨大な時間を必要とすることがあるという課題があった。そのため，ゴールへの到達容易性を推定する評価関数を利用した，ヒューリスティック探索（heuristic search）の研究が開始され，最良優先探索（best-first search），A*（A スター）アルゴリズムなどが開発された。特に，A* アルゴリズムは，ルートノードから現探索ノードまでのコストと，現探索ノードからゴールノードまでの到達推定コストの両方を考慮した探索により，効率的に最適なパスを見つける，代表的な AI 探索技法になっている。

3. 対話 AI システム ELIZA

1964 年から 1966 年にかけて，ジョセフ・ワイゼンバウム（Joseph Weizenbaum, 1923 年－2008 年）が，世界初の対話 AI システム ELIZA（イライザと発音）を開発した。ELIZA では，入力対話文のあるキーワードと照合するパターンを利用して応答する。例えば，ユーザ「私の名前は・・・です」という対話入力文に対して，ELIZA「やあ，・・・さん，お元気ですか？」という応答パターンを利用して応答する。ELIZAは，精神分析医による診察に応用され（DOCTORと呼ばれている），患者「俺はみんなが俺を笑っていることがわかっていたんだ」（<みんな>に対する応答パターンが準備され）→ELIZA「特に誰のことを考えていますか?」，患者の発言中にキーワードが見つからなければ，ELIZA「なぜそう思うのですか?」と応答する。パブロフの犬の実験のように「刺激と反応のモデル」にしかすぎず，知能は感じられないとして，ELIZAは人工無能と呼ばれたが，数ある会話ボットの原点になったシステムであり，DOCTORでは患者とかなり会話が続くケースもあり，人が理解するとは何か？という，根源的な疑問を突き付けたといえる。なお，2011年，スマートフォンiPhone 4Sに搭載された会話AIであるSIRIに「ELIZAについて教えて。」と尋ねると，「彼女は私の最初の先生だったんですよ。」，「私はELIZAから多くを学びました。でも彼女は少しマイナス思考でしたね。」，「ELIZAは私の親しい友人です。優秀な精神科医でしたが，今はもう引退しています。」のようなコメントを返す。

4. 初期の知能ロボット研究

1960年代後半から1970年代前半にかけて，知能ロボットの先駆的研究が始まった。以下，代表的な3つのロボットシステムについて述べる。

(1) 対話ロボットSHRDLU

1968年から1970年にかけて，テリー・ウィノグラード（Terry Winograd）が，実空間ではなく仮想空間内であるが，仮想ロボットが，積み木の積まれ方を認識し，また，ユーザの指示を理解して，積み木を動かすことをタスクとする，「積み木の世界」を対象にした，仮想的な対話理解ロボット SHRDLU（英語においてもっとも頻繁に用いられる12 文字, ETAOIN SHRDLU から命名。シュードルと発音。）を開発した。**図 1-5** では，ユーザが「赤い（red）ブロックを持ち上げて」と指示した後，SHRDLU「はい」と返事し，まず，赤い（red）ブロックの上にある緑（green）のブロックを持ち上げて空きスペースに置いて取り除き，その後，赤い（red）ブロックを持ち上げている。SHRDLU は，積み木に関連する単語，「ブロック」「円錐」のような名詞，「～の上に置け」「～まで動かせ」のような動詞，「大きい」「青い」のような形容詞など，合計 50 単語の単純な文章理解に限定されたシステムであったが，当時としては，画期的研究であり，Cognitive Psychology という心理学のジャーナルに掲載され，他分野にも大きな影響を与えた研究であった。

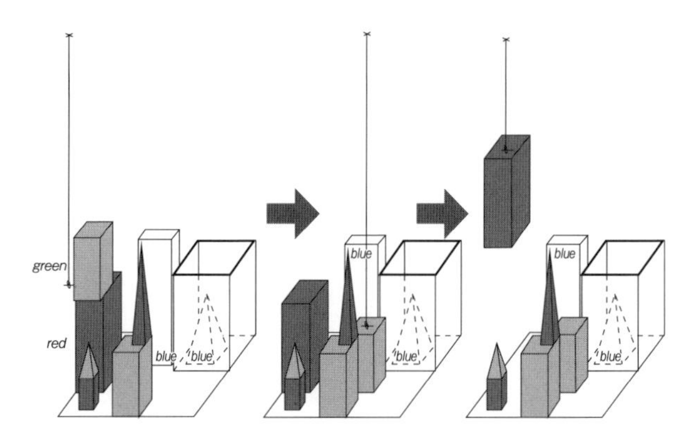

図 1-5　SHRDLU の対話・動作例

(2) ロボットの行動計画器 STRIPS

2.（3）で述べた探索研究の具体的適用例として，ロボットの行動自動計画の研究が始まり，1971 年，リチャード・ファイクス（Richard Fikes）とニルス・ニルソン（Nils Nilsson）により，STRIPS（Stanford Research Institute Problem Solver. ストリプスと発音。）が開発された。STRIPS では，< 初期状態 >< 目標状態 >< オペレータ >（状態を変化させる操作）から構成され，行動は < 事前条件＋行動＋結果 > により記述される。

例えば，**図 1-6** のように，ドアで連結されている**ルーム a** と**ルーム b** を考えると < 初期状態 > は，以下のように表現できる。

at（a）: ロボットが**ルーム a** に居る。

clean（a）: **ルーム a** は，清掃されている。

dust（b）: **ルーム b** には，ほこりがある。

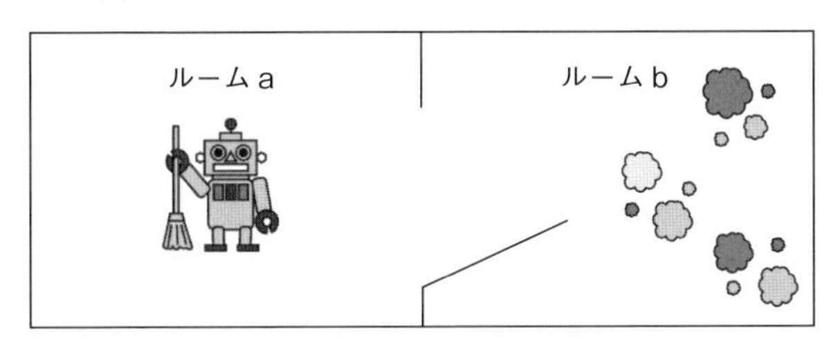

図 1-6　部屋の初期状態

< 目標状態 > を clean（a）∧ clean（b）として，以下の２種類の < オペレータ > を用意する。

オペレータ１：

< 事前条件 >at（X）, clean（X）

< 行動 >move（X,Y）: ロボットがルーム X からルーム Y に移動

< 結果 >at（Y）

オペレータ２：

< 事前条件 >at（X）, dust（X）

< 行動 >cleanup（X）：ロボットがルーム X を掃除する
< 結果 >dust（X）を clean（X）に更新

初期状態から，**オペレータ 1** の事前条件が満足されて，行動が実行された結果 at（b）が生成され（**図 1-7**），その後，**オペレータ 2** の事前条件が満足されて，行動が実行された結果，dust（b）が clean（b）に更新され，最終的に clean（a）∧ clean（b）となり，目標状態が達成される（**図 1-8**）。より複雑な行動計画の生成には，**2.** で述べた GPS，導出原理，A* アルゴリズムなどが適用されるが，今なお，ロボットの行動自動計画を考える時，STRIPS の考え方が基本になっている。

図 1-7　部屋の途中状態

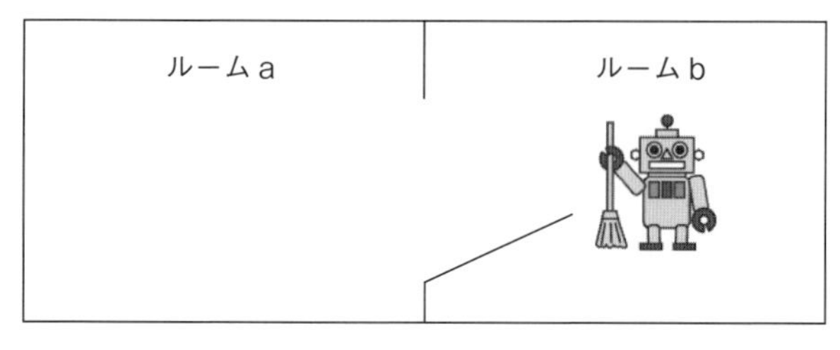

図 1-8　部屋の最終状態

(3) 初期の知能ロボット Shakey

1966 年から 1972 年にかけて，スタンフォード研究所の 10 人以上の異分野（画像処理，計画立案，動作制御，言語理解など）の研究者が協力して，ロボットの主要3要素（感覚認識系，判断・計画系，動作制御系）を有する，記号推論と実世界処理を統合した世界初の知能ロボットShakey（シェーキーと発音。胴体を振動（shake）させながら動く様から命名された（**図1-9**））が開発された。

ここで，判断・計画系は，前述したSTRIPSを利用している。Shakeyはドアを開けて部屋から部屋の移動，照明スイッチのオン・オフ，物体を押して動かすなどの行動を実際に見せた。

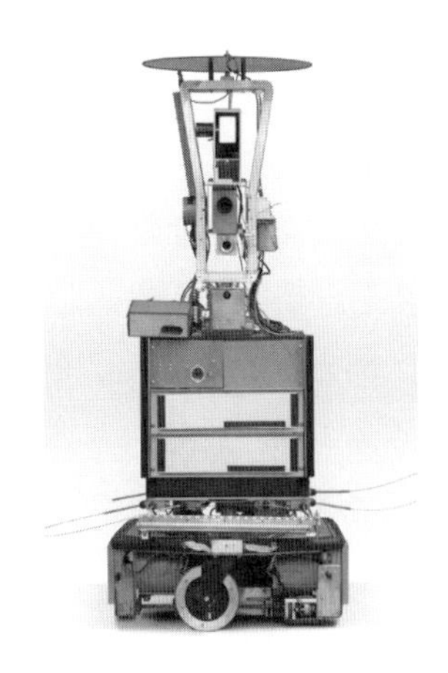

図1-9　実物のShakey

5. ニューラルネットワーク研究の開始

1958年，フランク・ローゼンブラット（Frank Rosenblatt, 1928年7月11日－1971年7月11日）が，単純パーセプトロンを発案し，ニューラルネットワークの研究が開始された。単純パーセプトロンは，**図1-10**に示すように，入力値としてx1，x2，x3が与えられ，各

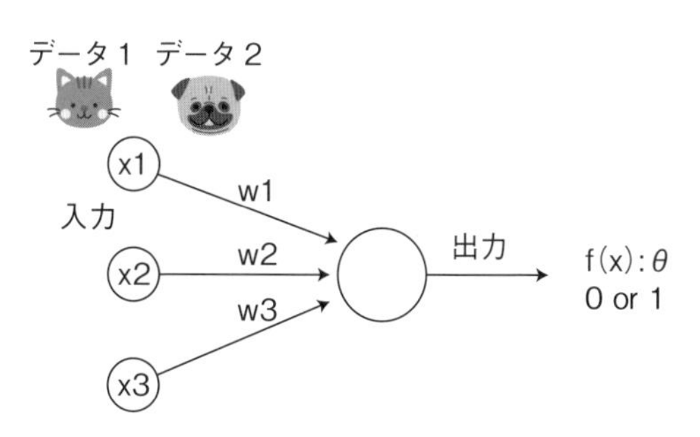

図1-10　単純パーセプトロン

入力値にリンクに付した重みw1,w2,w3を掛け合わせた合計値f(x)=w1*x1+w2*x2+w3*x3を閾値θと比較して，f(x)≧θならば1，f(x)<θならば0とするような，世界初のニューラルネットワークである。

この発表により，ニューラルネットワークという新しい研究分野が誕生し，研究者が参入し，1960年代に第1次ブームを迎えた。

例えば，猫か否かを判定する**図1-10**のような単純パーセプトロンを考えよう。動物の画像から，ひげの長さをx1，耳の長さをx2，あごの長さをx3として抽出できるものとし，重みについてはw1=0.3，w2=0.2，w3=0.5，f(x)の値が7以上ならば猫，7未満なら他の動物とする。今，(x1, x2, x3) = (10cm, 4cm, 10cm)となる**データ1**，(x1, x2, x3) = (6cm, 2cm, 5cm)となる**データ2**が与えられたとすると，

データ1：f(x) =0.3*10+0.2*4+0.5*10=8.8,
データ2：f(x) =0.3*6+0.2*2+0.5*5=4.7

と計算され，**データ1**が猫であり，**データ2**が猫でないと正しく判定できる。誤判定になった場合は，正しい判定になるように，重みの値を少しずつ調整していく。このような応用例がいくつも開発された。

6. まとめ

以上見てきたように，1960年代，記号主義AIでは，個別問題に依存しない，汎用的な知能アーキテクチャとして，演繹推論や探索の研究が進んだが，応用としては，数学の定理証明やボードゲームの解法に留まり，社会が期待する実問題（当時は機械翻訳への期待が大きかった）を解決できなかったため，記号主義AIはToy Problem（実問題ではなく，おもちゃのような問題）しか解けず，役に立たないと批判された。
これらの批判に対して，エドワード・アルバート・ファイゲンバウム

(Edward Albert Feigenbaum, 1936年1月20日－) は，スペクトラムを分析して化学分子構造を推定するシステムDENDRAL（デンドラルと発音）を開発したが，DENDRALは一つのアプリケーションにすぎず，独立した研究分野にはならないと評価されず，記号主義AIは，1960年代で第1次AIブームが終了し，1970年代に入ると，研究者も離れ，停滞期に入っていった。

一方，ニューラルネットワークの研究においても，1969年，単純パーセプトロンで解決できる問題は，線形分離問題（直線で分離できる問題。曲線で分離する場合は，非線形分離問題になる）に限定され，AND関数，OR関数は学習できても，XOR関数（エックスオアと発音。eXclusive OR。排他的論理和。2入力が0と1（あるいは1と0）の時，真になり，ともに0 or 1の時は偽になる関数）すら，学習できないことがマービン・ミンスキーとシーモア・パパート（Seymour Papert, 1928年3月1日－2016年7月31日）によって指摘され，ニューラルネットワークの研究についても，記号主義AIと同様，1960年代で1回目のブームは終了し，1970年代は，停滞期に入っていった。

参考文献

[1] 田中穂積編集『人工知能学事典』（共立出版，2005年）
[2] 松尾豊（編），中島秀之，西田豊明，溝口理一郎，長尾真，堀浩一，浅田稔，松原仁，武田英明，池上高志，山口高平，山川宏，栗原聡『人工知能とは』（人工知能学会（監修），近代科学社，2016年）

演習問題

【問題】

(1) ダートマス会議では，どのような研究者が集まり，どのような議論がなされたか？

(2) GPSは一般知性の研究として登場したが，なぜ，衰退したのか？

(3) **図1-1**でGが行き止まりで，Fがゴールノードの場合，縦型探索と横型探索では，どちらが早く到達するか？

(4) XとYに0か1が入力されるとして，AND関数ならば線形分離可能で，XOR関数ならば線形分離不可能であることを2次元座標軸により図的にイメージレベルで説明せよ。

解答

(1) 主催者のジョン・マッカーシーを含めて，10名のAI研究者が参加した。本会議では，オートマトンとAIの差異，人間のような知的な動作を機械に実行させる方法，知性の本質，という一般的なテーマとともに，言語理解，機械学習，ニューラルネットワークのような，今なお重要なAI研究テーマについても議論された。

(2) GPSでは，個別問題に依存しない汎用的な問題解決方法として，初期状態と目標状態の差異を小さくするオペレータ（操作）を選択・適用する，手段目標解析が提案されたが，適用分野は，数学の定理証明，チェスのようなボードゲームなどしか示されず，実問題にはほとんど適用できなかったので，批判され衰退した。

(3) Fがゴールノードの場合，
縦型探索:S→A→B→D→E→I→G→C→Fという探索により，8回目でFに到達
横型探索：S→A→B→C→D→E→Fという探索により，

6回目でFに到達

よって，横型探索が縦型探索より早くFに到達可能である。

(4) AND関数は直線，XOR関数は瓢箪のような曲線で0と1を大まかに分離できる。

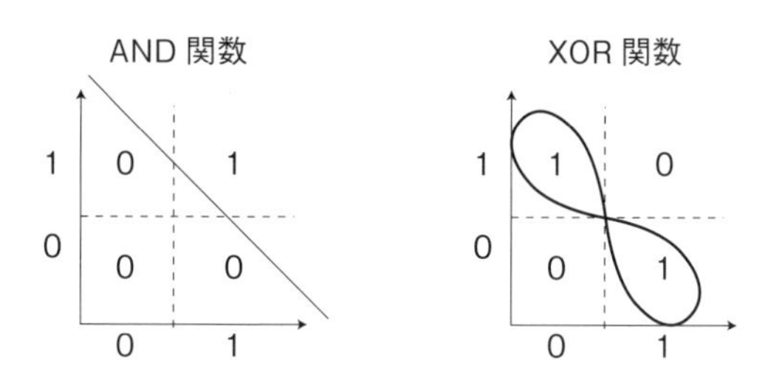

2 1970年代第1次停滞期（第2次ブームの準備）

山口　高平

《目標＆ポイント》 1960年代のAIでは実問題を解決できないという批判から，1970年代はAI研究の停滞期になったが，実問題の解決には，コンピュータ自身が様々な知識を表現して利用できる必要性が認識され始めた。本章では，スタンフォード大学で推進された感染症を診断するエキスパートシステムMYCIN（マイシン）プロジェクトについて述べる。
《キーワード》 ルールベースシステム，前向き推論，後ろ向き推論，エキスパートシステム，知識獲得支援システム，知的教育支援システム，エキスパートシステムシェル，MYCIN，TEIRESIAS，GUIDON，EMYCIN

1．はじめに

1960年代のAIは，対象問題が定理証明やボードゲームに限定されたので，AIはToy Problemを扱うだけと批判され，1970年代は総じてAIの研究は沈滞した。しかしながら，このような状況下で，スタンフォード大学では，ファイゲンバウム教授らが中心となり，HPP（ヒューリスティックスプログラミングプロジェクト，Heuristics Programming Project）が開始された。ヒューリスティックスとは，すべての場合に正しい解が得られる保証はないが，概ね正しいケースを導く，経験的に得られた知識（経験則）を意味する。そのヒューリスティックスをコンピュータ内部で表現，利用，獲得するためのプロジェクトがHPPであり，専門家がもつ専門知識（経験則）を表現して利用することにより，専門家のように知的に振る舞うシステムをエキスパートシステム（Expert

Systems. 以下ESと略記）と呼ぶようになる。

特に，HPPに関連して，MYCIN（マイシン）プロジェクトが推進され（1973 - 1976），感染症を診断するESであるMYCIN，知識獲得支援システムTEIRESIAS（テイレシアス），知的教育支援システムGUIDON（ガイドン），ESシェルEMYCIN（Empty - MYCIN，イーマイシン）（シェルとは，知識ベースを入れ替えれば他分野のESとして実行できるツールを意味する）が開発され，1980年代の第2次AIブームに多大な影響を与えることになる。

2. 感染症診断エキスパートシステムMYCIN

（1）MYCINの知識表現

スタンフォード大学大学院生であったエドワードショートリフ（Edward H. Shortliffe）等が中心になって，医学部教員に感染症診断知識についてインタビューし，IF - THENルールとして表現した後，感染症診断（病原菌の同定）と治療（薬の投与法）を行うESであるMYCINを開発し，70%程度の診断精度を達成した（医者は80%程度）。

次頁**図2-1**の上段が，インタビューにより得られた感染症診断ルールの英語表現であるが（中段はその和訳），推論エンジンはこの英語表現を直接処理できないので，さらに下段のIF - THENルールの記号表現に変換する。条件部（IF部）の構成要素を条件節，結論部（THEN部）の構成要素を結論節と呼び，

節は（O（=Object，対象）A（=Attribute，属性）V（=Value，値））により表現する。

対象は人・もの・こと，属性は対象に属する性質，値は属性値であり，例えば，（サリー，年齢，40歳）とか（慶応義塾大学理工学部一般入学

(医者から獲得された感染症診断ルール)

IF　　1) the infection is primary-bacteremia, and
　　　2) the site of the culture is one of the sterile sites, and
　　　3) the suspected portal of entry of the organism is the gasutrointestinal tract,
THEN　there is suggestive evidence (0.7) that the identity of the organism is Bacteroides.

(上記和訳)

もしも　1) 感染症が原発性菌血症で,
　　　かつ 2) 培養検体採取部位が通常無菌と考えられる部位で
　　　かつ 3) 細菌が侵入したと考えられる感染経路が消化管であるならば,
そのとき その細菌の種類はバクテロイデスである可能性がある (確信度 0.7)

(コンピュータ内部の知識表現)

IF:　(1) (患者, 感染症, 原発性菌血症),
　　(2) (患者, 検体採取部位, 無菌部位)
　　(3) (細菌, 感染経路, 消化管)
THEN: (細菌, 種類, バクテロイデス) (CF=0.7)

図 2-1　感染症診断ルールと知識表現 (文献[1])

試験, 実施年月日, 2019年2月12日) のように, (O A V) 表現を用いる。MYCINの感染症診断ルール表現では, 対象には患者や細菌, 属性には患者の病状や細菌の性質などが割り当てられ, 500個程度の感染症診断ルールベース (ルールの集合体) が構築された。なお, これらのルールは経験則であるので, ルールが成立する確からしさを示す確信度 (Certainty Factor, CF) を0.1～1.0の10段階で各ルールに与えられた。

ただし, このような記号表現形式のルールベースを構築するには長い時間を要する。なぜなら, 多くの専門家は自分の知識を形式化しておらず, 通常, 過去の経験談を話すため, それらの過去の事例群を汎化し, IF - THENルールという記号表現にまとめる必要があり, 大変な作業となる。このように, 専門家にインタビューして悪構造の専門知識を整構造の記号表現に変換し，推論エンジンが操作可能な知識ベースを構築する作業を担うシステム開発者をナレッジエンジニアと呼んだ。なお，このように，専門家から知識を獲得するためのインタビュープロセスがES開発時においてボトルネックとなったので，後年，知識獲得ボトルネックと呼ばれ，第2次AIブームが終焉していく一つの原因となった。

(2) MYCINのシステム機能

①推論エンジン

図2-2に示すように，ルールベースを利用した推論エンジン（Inference Engine，IE）には，条件部から結論部に順方向に進んでいく前向き推論（Forward Reasoning）と，結論部から条件部に逆方向に進んでいく後ろ向き推論（Backward Reasoning）がある。

前向き推論（事前にデータが揃い，条件部成否を自動処理できる時）

後ろ向き推論（ユーザに確認しながら，条件部成否を確認する時）

図2-2　2種類の推論エンジン

前向き推論では，観測データがワーキングメモリ（Working Memory，WM，作業記憶）に保存され，推論エンジンがWMとルール条件部を照合し（照合），複数ルールの条件部が照合されれば，競合解消戦略（例えば，より多くの条件節をもつルールを優先するなど）により一つのルールを選出し（競合解消），選出されたルール結論部を実行する（実行）という「認知－実行サイクル」を結論が得られるまで繰り返す。

一方，後ろ向き推論では，あるルールの結論部が成立すると仮定した後，そのルールの条件部の条件節の成否を点検し，その条件節を結論部にもつ別のルールがあれば，そのルールを呼び出し，同様に，そのルールの条件部の条件節の成否を点検し，最終的にルール呼び出し不可能になった条件節に対して，その成否をユーザに確認する。

診断型ESを開発する場合，この2種類の推論エンジンの使い分けは，条件節の成否確認データが予めすべて揃っているか否かに依存し，揃っていれば前向き推論，揃っておらずユーザに確認する必要があれば後ろ向き推論になる。例えば，プラント故障診断ESにおいて，計測データと関連付けてルールベースを開発した場合，前向き推論により開発する。医療診断の場合は，問診および追加検査により患者から獲得されるデータを利用して診断するため，後ろ向き推論となる（ただし，WMの保存データにより推論を実行できる部分は，一部，前向き推論となる）。

MYCINでは，後ろ向き推論が利用され，ユーザが条件節成否について尋ねられた時，ユーザは（いいえ）か（はい 確信度（はいの確からしさ）0.1～1.0）を入力し，ルール確信度とユーザ入力確信度を考慮して，結論の不確実性を計算する仕組みである「不確実性推論」も開発された。

図2-3に，ユーザである医師とMYCINの対話例を示す。M1）－M38）がMYCINから医師への確認質問であり，医師がその質問に（いいえ）か（はい 確信度0.1～1.0）を入力する。M1）からM13）のMYCINの一連の質問に医師が回答して，MYCINは，推論途中経過として，「CSF（脳脊髄液）培養物は，髄膜炎に関連する」という中間仮説を提示している。MYCINからの質問が続いた後，医師は，MYCINからのM38）サリーは，やけどをしていますか？という質問の背景的な意味（なぜ，この状況でこのような質問をするのか）を理解できないため，Whyコマンドを入力して説明を求めたところ，MYCINはその質問提示に関与した条件節をもつルールを提示し，現在，結論節（感染

症の原因は緑膿菌である）を仮定したルールを処理しており，第 4 条件節の成否を確認するため，M38）の質問をしたと回答している。また，このルールの第 3 条件節は，MYCIN が自動的に成立したと判断しており，医師がその成立理由を尋ねるために，How（3）（条件節（3）をどのように処理したのか？）と入力したところ，ルール 500 と 501 を使って推論したと回答している。

M1）　患者についての情報を入力して下さい。
　　　名前，年齢，性別，人種，…
　　　サリー，42 歳，女性，白人，…
M2）　サリーから採取された陽性検体培養物がありますか？
医者：いいえ
M3）　サリーから懸案の検体培養物がありますか
医者：はい。
M4）　部位：採取日：染色標本のチェック：採取方法を入力して下さい。
医者：CSF（脳脊髄液）:3-Jun-75：Yes：尿
M5）　CSF 培養物の標本に細菌がみられましたか？
医者：いいえ。
・・・
M13）　サリーは，最近，頭痛や目眩や倦怠感が続いていますか？
医者：（はい，0.6）

（MYCIN 中間仮説）CSF 培養物は，髄膜炎に関連すると考えられる。
・・・
M37）　サリーの臨床歴に中耳炎がありますか？
医者：はい。
M38）　サリーは，やけどをしていますか？
医者：Why

（MYCIN）現在，下記のルールを使って診断しており，
あなたに★の条件節の成否を確認しました。

図 2-3（1）　MYCIN と医師の対話例（1）

IF　☆（1）治療を必要とする感染症は髄膜炎である。
　　☆（2）CSF 培養物の標本に細菌は含まれていない。
　　☆（3）感染症の型は細菌によるものである。
　　★（4）患者は重度のやけどをしている。
THEN　感染症を引き起こした原因菌のひとつは，緑膿菌である。
医者： HOW（3）
　（どのようにして，第 3 条件節，すなわち，感染症の型が細菌によるものであると判ったのか ?）
　以下のルールにより感染症の型が細菌によるものであると推論した。
　ルール 500　　0.4
　ルール 501　　0.6
医者：はい。
・・・
(MYCIN)
サリーの感染症を引き起こした病原菌は，以下のように推測する。
①サリーの感染症は「髄膜炎」である。
②その髄膜炎を引き起こしている病原菌は，「ミコバクテリウム」「コクシジオイデス」「酵母菌」の可能性がある。
・・・

図 2-3（2） MYCIN と医師の対話例（2）

このように，ユーザが MYCIN の振舞い（MYCIN が提示する質問や結論）に疑問を持った時，ユーザが Why と How コマンドにより MYCIN に説明を求めることができる。

以下に示す形式的な 10 個のルールを使って，ES の後ろ向き推論と不確実性推論と説明機能をまとめよう。アルファベット大文字は，(O A V) 表現された条件節であり，例えば P は（Po, Pa, Pv）と表現されている。D は結論，F1 ～ F10 はそれ以上展開できない臨床データ，それ以外のアルファベット大文字は中間仮説とし，ルール末尾の数字は CF 値である。このルールベースを木構造で表現したものが**図 2-4** であり，推論木またはAND/ORツリーと呼ばれる。推論木において，┌∧┐で接続されたノードはAND関係にあり，未接続ノードはOR関係にある。

結論
IF P，Q THEN D(0.7)
中間仮説
IF P1, P2 THEN P(0.4), IF P3 THEN P(0.5), IF Q1, Q2 THEN Q(0.5)
臨床データ（医師への質問）
IF F1，F2 THEN P1(0.4)，IF F3，F4 THEN P2(0.7)，IF F5 THEN P3(0.6)，IF F6，F7 THEN Q1(0.5)，IF F8 THEN Q2(0.8)，IF F9, F10 THEN Q2(0.5)

このルールベースで，後ろ向き推論を開始すると，結論Dが成立すると仮定して，ノードDから，下方向に推論木を展開し(P→Q→P1→P2→P3→Q1→Q2→F1)，F1(=(F1o, F1a, F1v))は，それ以上，下方向に展開できないノード（臨床データ）なので，「F1oのF1aはF1vですか？」のような確認質問を医師に提示し，成立していれば，(はい　0.5) のような回答をF10まで続ける。

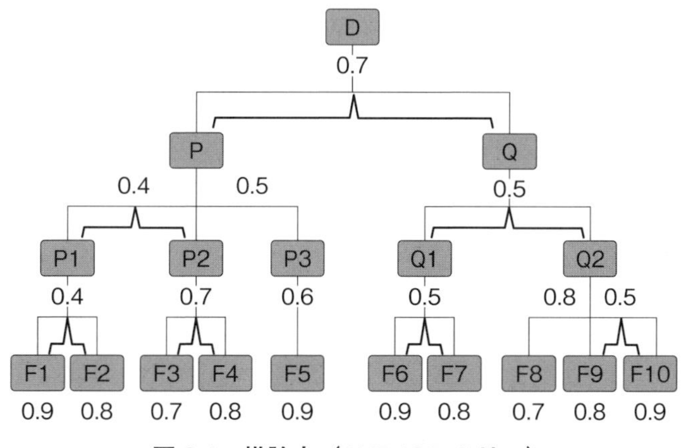

図2-4　推論木（AND/ORツリー）

ただし，例えば，F1 と F2 が成立して，F3 が不成立の場合，IF F3, F4 THEN P2 が不成立，その結果，IF P1，P2 THEN P も不成立となり，P を結論部にもつ別のルール IF P3 THEN P，P3 を結論部にもつ IF F5 THEN P3 に移動し，F4 は質問せずに，F5 の成否を医師に質問する。F5 も不成立であれば，IF F5 THEN P3 が不成立，IF P3 THEN P も不成立となり，その結果，IF P，Q THEN D も不成立となり，結論 D は成立しないことになり，別の結論を頂点にして，新たに推論木を構成し，診断を続けることになる。このように，推論を通して，結論部の不確実性がどのように変化するかを計算する方法が，不確実性推論であり，以下のように計算する。

②不確実性推論と説明機能

・AND ノード：結論部 CF 値＝条件節最小 CF 値×ルール CF 値
・OR ノード ：結論部 CF 値＝第１ルールで得られた CF 値(CF1)
＋(1-CF1)×第２ルールで得られる CF 値(CF2)
=CF1+CF2-CF1*CF2

P1=0.8*0.4=0.32, P2=0.7*0.7=0.49, P3=0.9*0.6=0.54
Q1=0.8*0.5=0.4, Q2=(0.7*0.8)+(1-0.7*0.8)*(0.8*0.5)=0.736
P=0.32*0.4+(1-0.32*0.4)*(0.5*0.54)=0.36344,
Q=0.4*0.5=0.2
D=0.2*0.7=0.14

図 2-5 不確実性推論の計算過程

F1 ～ F10 の確認質問に対して，**図 2-4** のように回答した場合，不確実性推論の計算過程は**図 2-5** のようになる。不確実性推論では，0.2 未満になれば不成立というような，推論の打ち切り条件が指定されているので，D=0.14 という値は，D は成立しないという結論になる。

また，F1 と F2 が事前の臨床検査により取得済みだとすると，ES

は，F3から質問を始め，医師が，なぜF3を質問するのかと疑問に思い，Whyコマンドを入力すると，ESは，IF F3，F4 THEN P2(0.7)を使って推論しているからF3を尋ねたと説明し，さらに，なぜIF F3，F4 THEN P2(0.7)を使って推論しているのかと疑問に思い，2回目のWhyコマンドを入力すると，ESは，その前にIF P1，P2 THEN P(0.4)を使って推論していたためと説明する。このようにWhyコマンドに対しては，推論木を上昇してルールを提示することになる。一方，IF P1，P2 THEN P(0.4)を使って推論していたためと説明した後，どのようにしてP1が成立すると判断したのかと疑問に思うと，ユーザはHow(P1)と入力して，P1の推論過程を尋ね，ESは，IF F1，F2 THEN P1によりP1が成立したと判断したと説明する。このようにHowコマンドに対しては，推論木を下降してルールを提示することになる。**図2-6**にこの説明過程を示す。

ES1) F3oのF3aはF3vですか？
User1) Why
ES2) IF F3，F4 THEN P2(0.7)を使っているので，F3を質問しました。
User2) Why
ES3) IF P1，P2 THEN P(0.4)を使っており，P2の成否をしらべるために，IF F3，F4 THEN P2(0.7)を使いました。
User3) How(P1)
ES4) IF F1，F2 THEN P1により，P1が成立しました。

図2-6　説明機能WhyとHow

3. 知識獲得支援システムTEIRESIAS

医師にインタビューして，感染症診断ルールを獲得するプロセスは，困難な業務であると前述したが，スタンフォード大学大学院生であったランドール・デイビス（Randall Davis）らは，その感染症の知識を獲得支援するシステム TEIRESIAS（テイレシアス）を開発した。

MYCIN の診断結果が誤りだと判断されると，ルールベースのデバッグが開始される。医師が自分自身でデバッグする時は，前述した説明機能を利用し，MYCIN のデバッグ支援機能を利用する時，TEIRESIAS が起動される。その対話例を**図 2-7** に示すが（和訳している），デバッ

（ドクター Davis の入力）
IF 部：1. 患者の疾患が原発性菌血症であり
　　　2. 採取部位が非汚染部位である
THEN 部：カテゴリが腸内細菌属である根拠がある（確信度 0.8）

TEIRESIAS 1） ドクター Davis，菌の種類（カテゴリ）の決定に関して，「検体採取部位」「感染症」に言及するルールの条件部では，
〔A〕「菌の感染経路」が含まれているケースが多いです。
ルール条件部に〔A〕を追加してもいいですか？

Davis 1） はい

TEIRESIAS 2）（今までの診断履歴から，感染経路は消化管であることを判断し）次の第 3 条件節を追加していいですか？
〔A〕 感染経路が消化管である

Davis 2）はい

TEIRESIAS 3）入力ルールは，以下のように修正されました。
IF 部：1. 患者の疾患が原発性菌血症であり
　　　2. 採取部位が非汚染部位である
　　　3. 感染経路が消化管である
THEN 部：カテゴリが腸内細菌属である根拠がある（確信度 0.8）

図 2-7　TEIRESIAS とユーザの対話例

グを通して，細菌カテゴリが腸内細菌属であると結論付ける新しいルールが必要であることが判ったため，医師がそのルールを入力し，TEIRESIASが，そのルールを検証し，第3条件節の不足を指摘している。

このルールデバッグ機能は，同類の結論部をもつルール群の条件部（および結論部）に出現する共通性を記述したルールモデルにより実行される。

図2-8は細菌カテゴリ決定ルール群のルールモデルCATEGORY-ISであり，EXAMPLESはCATEGORY-IS構築に利用された6個のルールを示し，P-ADVICEは，細菌カテゴリ決定ルール条件部に現れる共通性であり，ここでは①～⑧の8個の共通性があり，①から順に適用し，ルールを検証する。①は，GRAM（グラム染色性）がSAME NOTSAME（～である　～でない）という条件節が含まれるという共通性であり，3.83はこの共通性を含むルールのCF値の総計を表し，

```
CATEGORY-IS
EXAMPLES ((RULE116 .33) (RULE058 .70) (RULE037 .80)
         (RULE095 .90) (RULE152 1.0) (RULE148 1.0))

P-ADVICE ① (GRAM SAME NOTSAME 3.83)
条件部の ② (MORPH SAME NOTSAME 3.83)
共通性   ③ ((GRAM SAME) (MORPH SAME) 3.83)
         ④ ((MORPH SAME) (GRAM SAME) 3.83)
         ⑤ ((AIR SAME) (NOSOCOMIAL NOTSAME SAME) (MORPH SAME) (GRAM SAME) 1.58)
         ⑥ ((NOSOCOMIAL NOTSAME SAME) (AIR SAME) (MORPH SAME) (GRAM SAME) 1.58)
         ⑦ ((INFECTION SAME) (SITE MEMBF SAME) 1.23))
         ⑧ ((SITE MEMBF SAME) (INFECTION SAME) (PORTAL SAME) 1.23))
A-ADVICE (CATEGORY CONCLUDE 4.73)
結論部の (IDENT COCLUDE 4.73)
共通性   ((CATEGORY CONCLUDE) (IDENT CONCLUDE) 4.73))

MORE-GENL (CATEGORY-MOD)
MORE-SPEC NIL
```

図2-8　細菌カテゴリー決定のためのルールモデル（文献[1]）

RULE095 を除いた5個のルールにこの条件節が出現していることを意味する，強い共通性である。

図 2-7 の対話例では省略されているが，TEIRESIAS は，①を使ってユーザに新ルールの条件節に「グラム染色性が～である，あるいは，～でない」を追加すべきではないのか？と助言するが，決定権はユーザの医師にあり，その助言は拒否される。②の助言も同様に拒否され，③～⑥は複合リスト（リストを要素とするリスト）であり，第1リストが存在すれば，第2リスト以下も存在するという共通性を意味するが，新ルールに③～⑥の第1リストは存在しないので③～⑥はスキップされる。⑦は，INFECTION（感染症）の条件節があれば，SITE（検体採取部位）の条件節も存在すべきという共通性を意味し，新ルールはその共通性を満たすので，助言は提示されない。⑧は，SITE（検体採取部位）の条件節があれば，INFECTION（感染症）の条件節，および PORTAL（菌の感染経路）の条件節も存在すべきという共通性を意味するが，PORTAL（菌の感染経路）が存在しないので，**図 2-7** の TEIRESIAS 1）の助言を提示することになる。

4. 知的教育支援システム GUIDON

スタンフォード大学大学院生であったウィリアム・クランシー（William F. Clancy）は，MYCIN の感染症ルールベースを教材知識として，知的に教育するシステム（Intelligent Computer-Aided Instruction, ICAI）GUIDON を開発し，医学生にとって理解が容易な教育システムを開発した。ICAI は，カーボネル（Carbonel）らが，人・もの・こと間の意味関係を表す意味ネットワークを利用したシステム SCHOLAR が最初の研究であるが，GUIDON は，より実践的なレベルで，

ICAIの有用性を示したといえる。

5. エキスパートシステムシェルEMYCIN

ESシェルとは，ESの知識ベースのみを交換すれば他分野のESとして実行できるツールを意味し，感染症診断ルールベースを他分野ルールベースに交換すれば，他分野ESとして実行できることを示したのがEMYCIN（Empty MYCIN，イーマイシン）であり，肺機能システムPUFF，構造計算システムSACOMなどが開発された。EMYCINにより1980年代には多くのES構築支援ツールが開発された。

参考文献

[1] ランドール・デービス，ダグラス・B.レナート著，溝口文雄［他訳］『人工知能における知識ベースシステム』（啓学出版，1991年）
[2] 田中穂積編集『人工知能学事典』（共立出版，2005年）
[3] 松尾豊（編），中島秀之，西田豊明，溝口理一郎，長尾真，堀浩一，浅田稔，松原仁，武田英明，池上高志，山口高平，山川宏，栗原聡『人工知能とは』（人工知能学会（監修），近代科学社，2016年）

演習問題

【問題】

(1) 下記のRB（Rule Base，ルール集合）においてinf1は結論，f#はユーザ質問事項，bd#は事前獲得情報とする。inf1をルートとするAND/ORツリーを示せ。

(2) ユーザに与えられる最初の質問は何か？

(3) (2)でWhyを2回入力するとESはどのような説明文を生成するか？

(4) f1=0.3, f2=0.4, f3=0.5, f4=0.4, f5=0.3, f6=0.6とする。

bd1=bd2=1とする。打ち切り条件なしでinf1の確信度を計算せよ。

IF im1, im2	THEN inf1	(0.5)	IF im11	THEN im1	(0.6)
IF im12	THEN im1	(0.7)	IF im13	THEN im1	(0.8)
IF im21, im22	THEN im2	(0.6)	IF bd1	THEN im11	(0.9)
IF bd2, f1	THEN im12	(0.8)	IF f2	THEN im13	(0.9)
IF f3	THEN im21	(0.7)	IF f4	THEN im21	(0.8)
IF f5	THEN im22	(0.6)	IF f6	THEN im22	(0.5)

解答

(1)

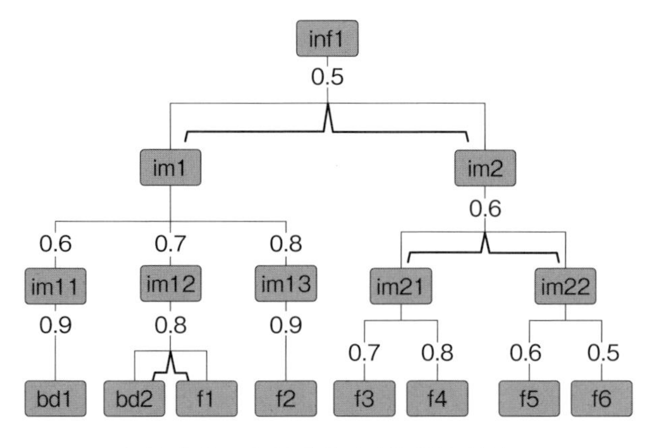

Inf1をルートにするAND/ORツリー

(2) ユーザに提示される最初の質問は，f1である（f1oのf1aはf1vですか）。

(3) 1回目のwhy：IF bd2, f1 THEN im12 (0.8) を使って推論しており，f1の成否を確認するために，f1を質問しました。

2回目のwhy：上述の推論の前に，IF im12 THEN im1 (0.7) を使っ

て推論しており，im12の成否を確認するため，IF bd2, f1 THEN im12（0.8）を使ったためです。

(4) im11:1*0.9=0.9, im12:min(1, 0.3)*0.8=0.24, im13:0.4*0.9=0.36
im21:0.5*0.7+(1-0.35)*0.4*0.8=0.558
im22:0.3*0.6+(1-0.18)*0.6*0.5=0.426
im1:0.9*0.6+(1-0.54)*0.24*0.7+(1-0.61728)*0.36*0.8=0.728
im2:min(0.558, 0.426)*0.6=0.256
inf1:min(0.728, 0.256)*0.5=0.128

3　1980年代第2次ブーム

山口　高平

《目標＆ポイント》 MYCINの成功を受けて，1980年代は，多くのエキスパートシステム（Expert Systems，ES）が開発されるとともに，日欧米ではAI国家プロジェクトが推進された。本章では，ES，AI言語，日本のAI国家プロジェクト第5世代コンピュータを中心に学ぶ。
《キーワード》 エキスパートシステム，知識ベース，推論エンジン，知識工学，Lisp，Prolog，第5世代コンピュータ

1．はじめに

MYCINの成功を受けて，1977年の人工知能国際会議（International Joint Conference on Artificial Intelligence，IJCAI，慣習上，イジカイではなくイチカイと発音する）で，ファイゲンバウム教授（スタンフォード大学）が“There is power in the knowledge!（知識は力なり）”という有名なメッセージを発し，AIの新しい研究分野として，知識工学（Knowledge Engineering. 知識の表現と利用と獲得の研究分野：人や書籍から知識を獲得し，コンピュータ内部でその知識を表現し，コンピュータがその知識表現を利用して問題を解決する方法を研究する分野）を提唱し，1980年代に入ると，産業界では，専門家のもつ専門知識をコンピュータに移行して活用するESが数多く開発されるとともに，AIスタートアップが誕生し，日本の第5世代コンピュータのような国家プロジェクトも実施された。以下，順を追って説明する。

2. エキスパートシステム

ESの構造を**図3-1**に示す。ESの最大の特色は，知識ベースと推論エンジンを分離していることである。問題解決に必要な専門知識とその利用方法をプログラム中に混在させて表現すると，経験的に得られた専門知識は，内容が確定するまで頻繁に修正されることが多い。一つの知識の修正がプログラムレベルでは様々な箇所に波及し，修正コストが大きくなるため，修正が予想される専門知識をシステム化する場合，知識ベースと推論エンジンの分離が鍵となった。

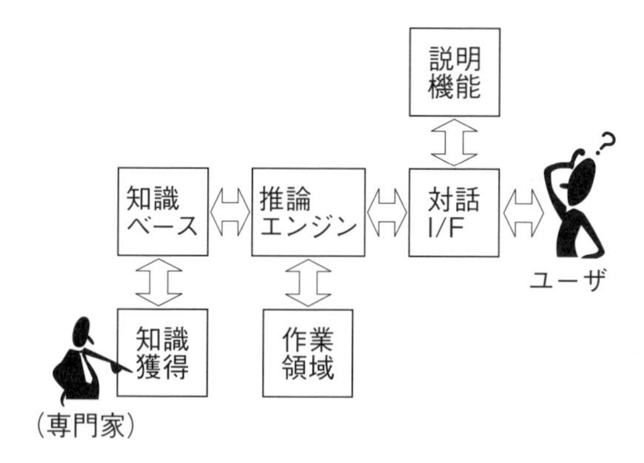

図3-1　エキスパートシステムの構成

システムがエキスパートシステム（ES）と呼ばれるためには，振舞いレベルの要件と機能・構造レベルの要件を兼ね備える必要がある。前者の要件は「ESは専門家のように知的に振る舞うシステムである」であり，後者の要件は「知識ベースと推論エンジンが分離されている」である。

1960年代半ばに開発された，スペクトラム分析結果から化学分子構造を推定するDENDRALは，前者の要件を備えていたが後者の要件を備えなかったことから，一つの応用システムと捉えられ，AI 研究開発全体に大きな影響を与えられなかった。一方，**2 章**で述べた，1970 年代半ばに開発された，感染症を診断する MYCIN は両者の要件を満たし，専門知識を獲得して，コンピュータ内部でその知識を表現し，推論エンジンがその知識を利用して問題を解決するという ES 開発方法論が多くの分野で適用され，AI 研究開発全体に大きな影響を与えた。

1980 年代半ば頃から，日本でも ES の開発が盛んになるが，開発当初は，第 2 要件の重要性はあまり理解されず「知識ベースと推論エンジンを分離する意義はどこにあるのか？」という議論がよく起こった。この議論は，ES が適用されるべき問題の特性が理解されていなかったことが大きい。すなわち，システム化される問題は大きく二分され，一方は整構造問題（well-defined problem），他方は悪構造問題（ill-defined problem）である。整構造問題は，処理手順が明確であり，修正が頻繁に起こらない問題であり，従来の手続き型プログラミング言語による開発で十分である。一方，悪構造問題は，処理手順が不明確であり，修正が頻繁に起こる問題であり，従来の手続き型プログラミング言語で開発すれば，修正維持コストが大きくなることから，知識ベースと推論エンジンを分離する ES の開発方法論が適している。

表 3-1　知識の実装方法の比較

	手続き型プログラム	エキスパートシステム
適用すべき問題	整構造問題	悪構造問題
修正容易性	×	○
実行効率	○	×

すなわち，プログラミング言語中にプログラムとして知識を埋め込むのか，知識ベースとして宣言的に記述するかの比較は，**表 3-1** のよう

にまとめられる。日本のES開発当初は，現場でこの認識がないまま，整構造問題にES開発方法を適用して実行効率が問題になったり，悪構造問題に手続き型プログラムを適用して，大きな修正コストを要するケースがあった。特に，後者においては，忍耐強く修正を続ければ問題ないではないかという無謀な議論もあがったが，これは悪構造の程度に応じて変わる話であり，修正が大量に発生する問題では，全く対応できなくなる。実際，1970年代後半，DEC社でVAXというコンピュータの機器設定（コンフィグレーション）問題を解決するシステムを開発したとき，当初，手続き型言語で開発したが大量の修正に対応しきれず，ES開発方法論を適用して世界初の民間ESであるR1が開発された。量の問題は質の問題になるのである。

また，知識表現方法は，ルール，フレーム，意味ネットワーク，論理など，様々な方法があるが，経験的知識は断片的であることから，多くのES開発にはルールが使用された。しかしながら，ルールに，因果関係，時間的順序関係，上位下位関係，単なる実行制御など，多様な意味を持たせており，この意味的多様性がルールベースの可読性を悪くし，ルールベース維持を困難にさせた。このように，ファイゲンバウム教授が提唱した，知識を獲得し，コンピュータ内部で表現し，利用する研究分野である知識工学は，多面的に研究する価値があり，AIの一研究分野を形成することになり，ESに対する産業界・社会の関心が高くなっていった。その結果，1980年代以降，**表3-2**のように，コンピュータ，鉄鋼，建設，電力，石油，化学，機械，ビジネスなど様々な産業界で，診断，スケジューリング，設計支援などのESが全世界で5000程度開発され，ESが第2次AIブームの牽引者となった。

表 3-2　日米のエキスパートシステム開発事例

ドメイン／国	米国の開発事例	日本の開発事例
計算機	R1->XCON（DEC）YES/MVS（IBM）	LSI 設計
鉄鋼		高炉異常診断，生産計画（新日鉄，NKK，神鋼…）
建設		ビル設備異常診断
電力・ガス	原子炉異常診断（EPRI など）	変電所運転支援，生産計画（東電，関電…）
石油・化学	DENDRAL（Stanford Univ.）	プラント運転支援，生産計画（出光…）
機械・機器	CATS（機関車故障診断，GE）ACE（電話線保守，ATT），COMPASS（交換線故障診断，GTE）	レンズ設計（キヤノン）油圧回路設計（カヤバ工業）
ビジネス	Planpower（資産運用，APEX）Expert Tax（節税計画，Cooper）	資産運用（銀行）クレジット審査（生保）相場分析（証券）
その他	DipmeterAdviser（石油発掘支援，Schlumberger）MYCIN（感染症診断，Stanford Univ.）	

3. AI 言語：Lisp と Prolog

1958 年，ジョン・マッカーシーは，Lisp（LISt Processor）という AI 言語を開発した。Lisp は，分岐構造やループ構造に従って命令を実行する手続き型プログラミング言語ではなく，実行が関数呼び出しにより達成される関数型言語であり，再帰を記述できる世界初のプログラミング言語である。再帰とは，例えば，5！=5*4！という階乗計算では，5 の階乗定義（左辺）に 4 の階乗定義（右辺）を利用しており，このように，X を定義する時，X を参照して定義する計算である。再帰を使うと計算が止まらなくなると心配するかもしれないが，0！=1 で停止し，その結果が以前の計算 1！=1*0！に戻され，最終的に，最初の計算 5！

=5*4！に戻り，4！=24 と計算済みなので，5！=120 と値が決まる。また，リスト構造により，データだけでなく実行可能プログラムも表現できることから，プログラムを修正するメタプログラムも Lisp で記述することができた。例えば，人が記述した Lisp プログラムを環境に適応させながら，新しい Lisp プログラムに自動的に書き換えることも可能となり，知的な振舞いをする AI プログラムの基盤機能となった。学生時代，ごく簡単なプログラムではあったが，自己修正の Lisp プログラムを実行させ，実行後，確かに Lisp プログラムが，自分が最初に記述したプログラムと変わっていることを確認して，大変感激したことを覚えている。この他，再帰を実行すると，メモリ空間がすぐに消費されるので，不必要になった記憶領域を復活させるガーベッジコレクション，新しい構文や新しいドメイン固有言語を作成して，Lisp で利用できる環境に拡張することも容易にできた。以上の特徴から，今までに述べてきた，GPS, SHRDLU, Shakey のような代表的な AI システムの実装において，Lisp がよく採用されるようになり，世界最初の AI プログラミング言語となった。Lisp は，様々に派生して発展し，今もなお広く利用されている言語の一つとなっている。

一方，Prolog（Programming in logic）は，1972 年，コルメラウアー（Colmerauer，マルセイユ大学）が Prolog インタープリタを開発し，1974 年，コワルスキー（Kowalski，エジンバラ大学）が Prolog の論理型言語としての理論的基礎を与え，1977 年，ワレン（Warren, エジンバラ大学）が Prolog コンパイラを開発し，1980 年代，C-Prolog, Quintus-Prolog, Prolog-KABA（京都大学で開発）などが開発され，広く利用された。

Prolog プログラム文は，ホーン節（Horn Clause）という限定された一階述語論理式である。ホーン節は A ← B で表現され，A は 0 か 1 個，

Bは0個以上であり，以下の4種類に分けられる。また，計算体系（全体の計算法）は背理法で，計算原理は，**1章**で説明した，単一化（unification）を含む導出原理（三段論法）である。

※ホーン節の分類

（1）-B.（背理法の開始：証明すべき事柄の否定）

（2）A<-B.（BならばAという推論規則）

（3）A.（無条件にAが成立。すなわち事実）

（4）<-（背理法の終了。無条件に何も成立しない。矛盾）

例えば，以下のようなPrologプログラムがあるとして，家光の父親を知りたい場合のPrologプログラムを示す。

```
|parent (X,Y) :-father(X,Y).
|parent (X,Y) :-mother(X,Y).
|father (ieyasu,hidetada).
|father (hidetada,iemitu).
|father (hidetada,kuni).
|mother (oeyo,iemitu).
|mother (oeyo,kuni).
```

```
?-parent (X,iemitu).      (1)
father (X,iemitu)         (2)
father (hidetada,iemitu)  (3)
parent (hidetada,iemitu)
X=hidetada                (4)
```

(1) -parent (X,iemitu)「家光の親Xは存在しない」

(背理法の開始：家光の親Xは存在することを証明したい)

(2) parent (X,Y) <- father (X,Y). と等値である
-father(X,Y)<- -parent(X,Y)と(1)に三段論法を適用して，
-father(X,iemitu)「家光の父親Xは存在しない」を得る
(3) (2)と father (hidetada,iemitu)「家光の父親は秀忠である」照合（三段論法）して，矛盾を得る
(4) よって，家光の親Xは存在することが証明された
parent(X,iemitu),X=hidetada となる。

また,1章で述べた,ELIZAをPrologで書くと下記のようになる。ユーザからの入力はローマ字とし，change述語の第1引数でキーワードを認識し，print述語で応答する形で，ELIZAを実現している。

```
%%% Prologによる簡易ELIZAプログラム
start:-print ('ローマ字の日本語リストでデートの悩みを
入力して下さい。') ,nl,start1.
start1:- read (X) , consult (X,0) ,start1.
consult([],X):-X=0,print('分りました。それで'),nl.
consult ([],X) .
consult([H|T],X):- change(H,X,Y), consult(T,Y).
change (ohayou,X,Y) :-print ('おはようございます。
何か悩みをお持ちですか ?') ,nl,Y is X+1.
change (konnichiwa,X,Y) :-print ('こんにちは。
何か悩みをお持ちですか ?') ,nl,Y is X+1.
change (konbanwa,X,Y) :-print ('こんばんは。
何か悩みをお持ちですか ?') ,nl,Y is X+1.
change (boku,X,Y) :-print ('そう急がないで。
まずあなたのお名前は？') ,nl,Y is X+1.
```

```
change (watashi,X,Y) :-print (' そう急がないで。
まずあなたのお名前は ?') ,nl,Y is X+1.
change (san,X,Y) :-print (' 彼女がどうしたのですか？
もっと，詳しく話して下さい。') ,nl,Y is X+1.
change (kun,X,Y) :-print (' 彼がどうしたのですか ?
もっと，詳しく話して下さい。') ,nl,Y is X+1.
change (kenka,X,Y) :-print (' どちらが悪いと思います
か？') ,
nl,Y is X+1.
change(warui,X,Y):-print(' 相手の身にもなりなさい '),
nl, print (' 思いやりが大切です ') ,nl,Y is X+1.
change (dousureba,X,Y) :-print (' 時間が解決してくれ
ます。
さようなら！') ,nl,Y is X+1.
```

後述するFGCSの終了後，Prologはあまり使われなくなったが，2010年，南米ウルグアイのアルテッチ（Artech）が，設計情報からJAVAなどのアプリケーションを自動生成するツールであるGeneXusをPrologで開発し，IBMワトソンやPepperの開発の一部にもPrologが利用されていることが報告され，第3次AIブームのなかでPrologが復活しつつある。

4. 第5世代コンピュータFGCS

1980年頃までは，ハードウェアの発展，すなわち，真空管，トランジスター，LSI，VLSIという素子の進展に応じて，コンピュータを第1世代，第2世代，第3世代，第4世代と分けていた。しかしながら，今

後のコンピュータは，ソフトウェアが重要であると認識され，新しいソフトウェアとして「述語論理に基づく推論を高速実行する並列推論マシンとそのOSを構築する」というAIコンピュータを第5世代コンピュータ（Fifth Generation Computing Systems：FGCS）と呼んだ（文献［1］）。それまで，ほとんどのAI研究が欧米発であった状況下で，日本が，大規模国家プロジェクトとしてFGCSという人工知能プロジェクトを立ち上げたのである。FGCSは，学会で多くのセッションで議論されるとともに，多くのマスメディアに取り上げられ，国内ではAIブームを実感できる熱い雰囲気に包まれた。

また，FGCSは海外にも大きな影響を与え，FGCSに対抗する形で，米国ではDARPA（Defense Advanced Research Projects Agency，国防高等研究計画局）がSCI（Strategic Computing Initiative）を開始し，MCC（Microelectronics and Computer Technology Corp.）コンソーシアムがCYC（大規模常識ベースと常識推論）の開発に取り組み，英国では，知識ベースとソフトウェア工学とユーザインタフェースを含む新しいコンピュータの開発を目標としたAlvey（アルベイと発音）プロジェクト（1983年-1987年）が発足し，欧州全体でもESPRIT（欧州情報技術研究開発戦略計画）プログラムが開始され，その中でいくつかのAI関連プロジェクトが開始された。

さらに産業界では，前述したように，ESの開発が多くの分野で推進されるとともに，Lispマシンや ES開発ツールに関連したAIスタートアップが勃興するなど，AIは，基礎研究，応用研究，産業化ともに大きく進展し，1980年代はまさに第2次AIブームの時代であった。

FGCSプロジェクトは，1982年から1992年までの11年間続き，570億円の国の研究資金が投入され，最終的に，1000台規模の並列推論マシンと並列論理型言語KL1を核とするFGCSプロトタイプシステムが完成し，世界最高速の推論マシンが完成した。

文献［1］では，未来開拓研究の視点からFGCSを評価しているが，最初のコメントは以下の通りである。

『過去にFGCSプロジェクトを対象に行われてきた評価では「学術的・技術的価値や，AI分野の研究における国際交流，研究者育成という社会的な貢献はあったが，産業技術の分野に寄与する成果が著しく少なかった」というおおよそ共通する指摘。成功か失敗かについて，プロジェクトの目的・性格を基礎研究とみるか応用研究とみるかで評価が分かれている。』

学術的および技術的には価値はあり，人材育成にも貢献したが，産業貢献はほとんど成しえなかったという結論である。故渕一博ICOT所長は，FGCSの目標は世界最高速並列推論マシンの実現と主張し，その発言はぶれなかった。ただ当初のFGCS計画書には，自然言語理解，音声理解，コンピュータビジョン，インテリジェントシステムの開発，などの応用的目標も盛り込まれたために，社会に影響を与えるAIとしての側面が先行して，社会的にはその実現に注目が集まり，それらの目標はプロジェクト推進中に外されたため，FGCSプロジェクトは途中で挫折したという印象を与えてしまい，批判されたといえる。

図3-2は，推論エンジンと知識ベースを核とする知識情報処理システムの概観，**図3-3**がFGCSの概観である。**図3-2**と**図3-3**で，楕円の大きさは取組み規模を意味しており，FGCSでは，大規模並列処理による推論エンジンの高速化に精力的に取り組んだが，大規模知識ベースの開発にはそれ程取り組まれなかった事を意味している。個別的な知識情報処理システムの開発には取り組まれたが，MCCのCYCプロジェクトのように，知識情報処理基盤となるような大規模知識ベースは開発されなかった（自然言語処理のための電子化辞書プロジェクトEDRが1986年

から1994年に実施されたが，知識処理とはギャップがありFGCSとの連携は薄かったように思える)。

知識が大量に表現されれば，推論により，組み合わせ的に様々な知識の連携がなされ，推論エンジンの効用も目に見えて大きくなるが，知識が少量しか表現されなければ，その効用は小さい。また，大規模知識ベースが開発されても，推論機構が脆弱であれば，結果もまた然りである。知識情報処理システムという巨大な車を前進させるには，知識ベースと推論エンジンの両輪のバランスが重要であったといえる。片方の車輪が大きくなりすぎて，両車輪のサイズが合わなければ，結局，車は前に進まない。FGCSプロジェクトのある委員会で，世界最高速の並列推論マシンを利用して解決するに相応しい問題について議論したことがあったが，スーパーエンジン搭載の軽自動車でどこに出かけようか？みたいな問題という印象をもった事を覚えている。

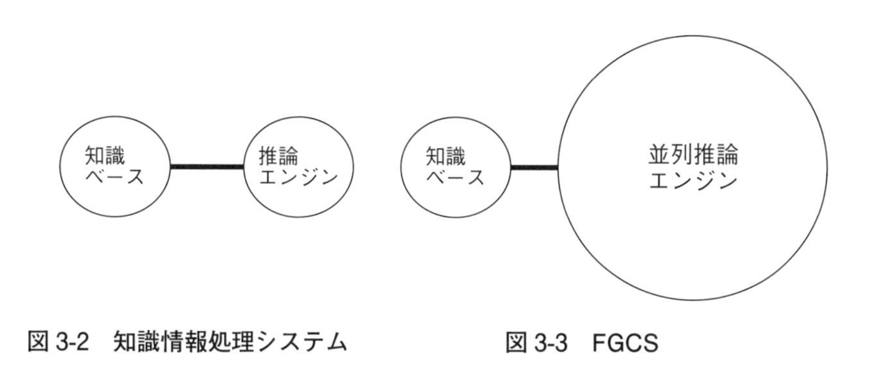

図3-2　知識情報処理システム　　図3-3　FGCS

5. ESとFGCSの合理主義と存在的デザイン論

1980年代は，産業界で多くのESが開発されたが，ESの開発において，知識分析の専門家（知識エンジニアと呼ばれた）が領域専門家にインタビューして，RB（ルールベース）を構成していく事は，大変，骨の折れる作業である事が次第に判明し，ES開発には知識獲得ボトルネックがあると問題視されるようになった。さらに，領域専門家が別の部署に異動し，RBの開発背景や文脈は伝承されないことから，新しく異動してきた領域専門家にとっては，RBの意味を把握できず，RBの維持（メンテナンス）が困難となり，知識獲得ボトルネックに知識維持ボトルネックも加わり，1990年代以降，ESはほとんど開発されなくなった。その後，知識工学の研究分野では，これらの課題を解決するには，RBの仕様を与えるべきという議論が始まり，モデリングプリミティブの仕様としてのオントロジーの研究が開始され，後述するように，新しい知識情報処理基盤になっていくが，以下，通常は否定的に捉えられる知識獲得ボトルネックに潜む意義について考察してみる。

筆者は，今でもES的なシステムを学生と一緒に研究開発している。専門家へのインタビューだけで総計100時間を超える事も珍しくない。いまだに知識獲得ボトルネックを体験しているのかと思われるかもしれない。無口な専門家もいれば，雄弁に，時には過大に経験を語る専門家もいて，インタビュー当初は戸惑うことが多いが，経験談が蓄積された後，それらを汎化して，「結局，言われていることはこういうことですか？」と専門家に尋ねると，「そうではない。いや，そういう見方もできるか！？」というような，知識のキャッチボールが開始され，経験知識が汎化知識に変換されていく。10章で，高速道路諸設備の点検業務知識の獲得について言及するが，業務知識間に関連性が見いだされて，汎化知識が獲得され，保守業務全体を見通すことが可能になった。

経験的知識を理解するために，問題に浸かることは必要だが，問題に浸かった後に，一段上からその問題を眺めてみると（振り返り，リフレクション），業務ルールの改善に留まらず，業務モデル全体の改革が視野に入ってくるといえる。インタビューには苦労が多いが，このような実りのある収穫が待っている。

このような知識獲得の建設的見方は，実は，知識獲得ボトルネックと批判された同時期に指摘されている。ロボットが積み木を積むという限定された世界ではあるが，言語知識と対象知識を統合し，演繹推論を通して，様々な質問に答えるSHRDLUを開発し（**1章**参照），1970年代の自然言語理解をリードしたテリー・ウィノグラードがその人である。彼は，文献［2］において，①対象と属性により状況を記述し，②状況に適用可能なルールを獲得し，③ルールを論理的に適用して結論を導く，という合理主義の限界を指摘し，ESもFGCSも基本的には合理主義の流れにある研究開発であり，表象化できた記号上の操作のAIとして一括りにされてしまう。彼は，合理主義に替わる理念として，コンピュータ支援によるデザイン論を展開し，問題領域の「もの」と「こと」をどのように解釈するかという，内省的な存在論的デザインを提唱した。例えば，ある道具はどのようなコンテキストで意義づけられるかを表現することで，人の暮らしと道具が有機的に結びつき，新しい道具をデザインするときに役立つ。この存在論的デザインの延長線上に知識獲得過程があり，それは知識の創造的デザイン活動であり，新たなシステム化領域を見出す活動であると意義づけている。上述した高速道路設備の保守業務領域では，専門家とのコミュニケーションを大事にしながら，知識獲得過程のどの場面でどのようなAI技術が使えるかを検討した結果，ワークフロー，ルールベース，ゴール分析木，オントロジー，写真や動画のマルチメディアなどの多様な知識メディアの統合により，内省的な存在論的デザインを支援することになった。

6. 多層パーセプトロンとバックプロパゲーション

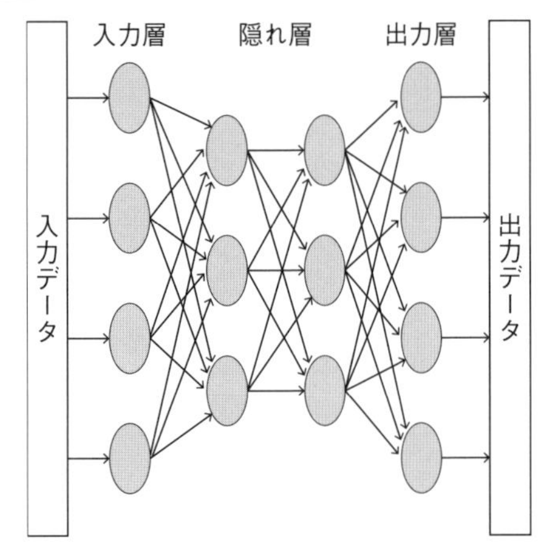

図 3-4　多層パーセプトロン

1 章で述べた，入力層と出力層を直結した単純パーセプトロンは，直線で分離できるような線形分離問題のみに適用可能で，曲線で分離するような非線形分離問題には適用できないことが判明し，ニューラルネットワークへの関心は低くなったが，1986 年，デビッド・ラメルハート（David E. Rumelhart，当時カリフォルニア大学サンディエゴ校，1942 年 - 2011 年）らが，パーセプトロンを多層にし（入力層と出力層の間に，隠れ層（中間層）と呼ばれる層を追加），バックプロパゲーション（誤差逆伝播法）により学習させれば，非線形分離問題も解決できることを示し，第 2 次ニューラルネットワークブームとなっていった。

筆者もセンサーデータによる故障問題に多層パーセプトロンを適用し，従来の機械学習の適用より高い診断性能を示すことができたが，多層パーセプトロンに潜む大きな 2 つの問題も次第に明らかになってきた。一つは，過学習問題である。各層のノード数や活性関数などを学習時に利用する訓練データに過度に適合させてしまうと，新しい未知データでは性能が低くなるという問題である。もう一方は，隠れ層を増やせば増やすほど性能は向上するが，学習時間が長くなる問題である。5 層以上にするとコンピュータを数日回しても学習は終了せず，学会発表でも，大抵は3層，深くて4層という報告が多く，1990年代に入ると，次第に関心が低くなっていった。なお，多層パーセプトロンの技術的詳細は**4章**を参照されたい。

参考文献

[1] 山口高平：第五世代コンピューターから考えるAIプロジェクト，人工知能学会誌，Vol.29，No.2，pp.115-119（2014）

[2] Terry Winograd and Fernando Flores『Understanding Computers and Cognition：A new foundation for design.』（Ablex Publishing Corporation，1986年）．平賀譲訳『コンピューターと認知を理解する－人工知能の限界と新しい設計理念』（産業図書，1989年）

[3] 田中穂積編集：人工知能学事典，共立出版（2005）

演習問題

【問題】

(1) 手続き型プログラムとESを比較して，それぞれの長短を述べよ。

(2) ESを適用すべき問題の特徴とその理由を述べよ。

(3) **3.**節で示したPrologプログラムに，`grand_parent (X,Z) :- parent (X,Y) , parent (Y,Z)` を追加し，`?-grand_parent (X,iemitu)` を実行した結果を述べよ。

(4) 第5世代コンピュータの成功した点と失敗した点を述べよ。

(5) テリー・ウィノグラードが指摘したESおよびFGCSに対する限界を述べ，彼が示唆したAIの方向性を述べよ。

解答

(1) 手続き型プログラムは，実行効率が良いという長所を持つが，修正に時間がかかる（困難になる）という短所を持つ。ESは，修正は容易という長所を持つが，実行効率は悪いという短所を持つ。

(2) 処理手順が不明確で，修正が頻繁に起こる悪構造問題に対して，修正コストが小さいESを適用すべきである。

(3)
```
?-grand_parent (X,iemitu) .
parent (X,Y) , parent (Y, iemitu)
father (X,Y) , father (Y, iemitu)
father (ieyasu, hidetada) , father (hidetada,
iemitu)
parent (ieyasu, hidetada) , parent (hidetada,
iemitu)
grand_parent (ieyasu, iemitu)
X=ieyasu
```

(4) 第5世代コンピュータでは，世界最高速の推論マシンが開発され，研究としては成功を収めたが，産業応用では貢献できず失敗したといえる。

(5) テリー・ウィノグラードは，ESおよびFGCSは，合理主義（適用可能なルールベースを事前に準備し，その範囲内で論理的推論を実行して結論を導く方法）のAIであり，創造的デザイン活動を支援するAIの重要性を示唆した。

4　1990～2000年代第2次停滞期（第3次ブームの準備）

秋光　淳生

《目標＆ポイント》 機械学習の代表的手法である，決定木，ベイジアンネット，SVM，深層学習（Deep Learning）の代表的手法である，畳み込み型，再帰型などを取り上げて説明する。
《キーワード》 決定木，ベイジアンネット，SVM，深層学習，畳み込み型，再帰型

1．90年代の人工知能

3章で述べられたように，1980年代には多くのESが開発されたが，その後開発が継続されることはなかった。これらのESは本や専門家などの知識をモデル化したものであるが，1986年に提案されたバックプロパゲーションは，データセットをもとに学習を進めることで，機械がデータの中にあるルールを学習していく。このように機械が人のように学習をすることでデータから知識を獲得する機械学習の研究も行われている。

90年代になるとパソコンが低価格化，高性能化し，企業や家庭へと普及した。データを効率的に保存し，活用するためのデータウェアハウスなどの技術も生まれ，企業などでは様々なデータが蓄積されるようになった。さらに，90年代後半にはインターネットが普及し，さらに大量のデータが流通することとなった。こうした大量のデータを人が処理し分析することは大変であり，こうしたデータ分析の技術として人工知

能が用いられ，その適用範囲は拡大していった。

ここでは，代表的な機械学習の手法とニューラルネットワークの研究について説明する。

2. 機械学習

ここでは，代表的な3つの機械学習の手法について説明する。

(1) 決定木

例えば，次に示すようなある資格試験の受験データがあるとしよう。100 人の受験者がいて，それぞれ県内か県外の住まい，関連資格，新規受験の有無がわかっている。

表 4-1　架空の試験データ

番号	住まい	関連資格	受験回数	合否
1	県外	取得	新規	不合格
2	県外	未取得	新規	不合格
3	県内	未取得	再試験	不合格
4	県内	取得	再試験	合格
⋮	⋮	⋮	⋮	⋮
100	県内	未取得	新規	合格

このデータを元に学習を行い，その結果を決定木の形で表したものが**図 4-1** である。

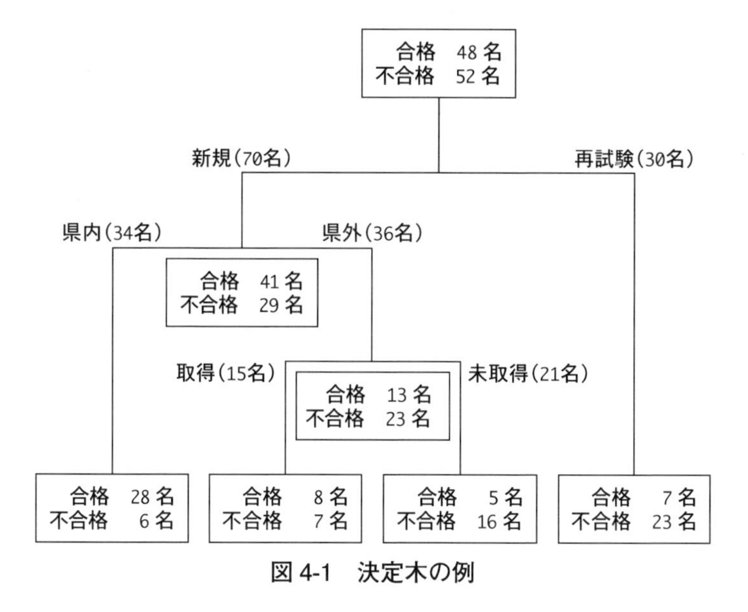

図4-1　決定木の例

これを見ると，受験回数が新規の者が70名であって，そのうち住まいが県内の者が34名で，合格者が28名，不合格者が6名ということを表している。この図は合格不合格という属性について，その特徴をよく表すようにデータを分割し，木の構造で表したものである。それによって，「もし再試験であれば不合格である」というルールの組み合わせを表している。このように**決定木**とはデータを元に学習を行い，ルールの組み合わせを木の構造で表したものである。この例のように属性がカテゴリーデータである場合を分類木という。また，所要時間によってどのような点数になるのかといった属性が定量的な数値型であるものを回帰木という。決定木を構築するためには，データの集合を部分集合へと分類していくことになるが，どの属性に従ってどのような順番で分けていくのかが問題になる。1975年にジョン・ロス・クインラン（John Ross Quinlan）によって提案されたID3や1984年にレオ・ブライマン（Leo

Breiman)によって提案されたCARTという方法が多く用いられている。

(2) ベイジアンネットワーク

現実世界のルールとは確実に成立するものだけではなく，不十分で不確実な情報に基づいたものもある。そうした不完全なものを扱う場合には確率論を用いたモデルが有効である。確率に関する問題として，次のような問題を考えよう。2つの壺A, Bがあり，そこには赤(R)と白(W)の2種類の玉が入っている。Aには5個の赤い玉，1個の白い玉が，Bには2個の赤い玉と4個の白い玉が入っている。AとBを1/2の確率で選び，一つ玉を取り出すことを考えてみよう。すると，Aから赤い玉を取り出す確率は，Aを選ぶ確率と，Aを選んだもとでの赤い玉を選ぶ確率の積によって，

$$P(A, R)=P(A)P(R|A)=\frac{1}{2}\times\frac{5}{6}=\frac{5}{12}$$

と計算することができる。同じように赤い玉を取り出す確率は，Aから赤い玉を取り出す確率とBから赤い玉を取り出す確率の和なので，

$$P(R)=\frac{1}{2}\times\frac{5}{6}+\frac{1}{2}\times\frac{2}{6}=\frac{7}{12}$$

である。もし壺を1/2の確率で選ぶことはわかっているが，どちらの壺から取り出したのかがわからないとする。そして，赤い玉を取り出したということが観測されたとしよう。このとき，A, Bの2つの壺のうち，Aの壺を選んだ確率は

$$P(A|R)=\frac{P(A,R)}{P(A,R)+P(B,R)}=\frac{5}{7}$$

となる。このように結果をもとに原因を推定することもできる。**ベイジアンネットワーク**とは変数を確率変数とし，その変数間の依存関係を有向グラフによって視覚的に表したモデルのことである。

代表的な**有向グラフ**を**図4-2**に示す。**図4-2（a）**ではAがBに影響を与え，BがCに影響を与える状況をグラフで表している。**（b）**はCに与える要因としてAとBがあり，AとBは互いに独立であることを示している。**（c）**はCが互いに独立なAとBに影響を与える状況を表している。**（d）**はAからスタートして，矢印を進みAに戻ることができる。このような構造を循環構造という。**（e）**は矢印の向きを考慮しないとループした形になっているが，矢印の向きを考慮すると循環した構造を持たない構造をしている。これを非循環有向グラフという。ベイジアンネットワークはデータをもとにこうしたグラフを求めるものである。

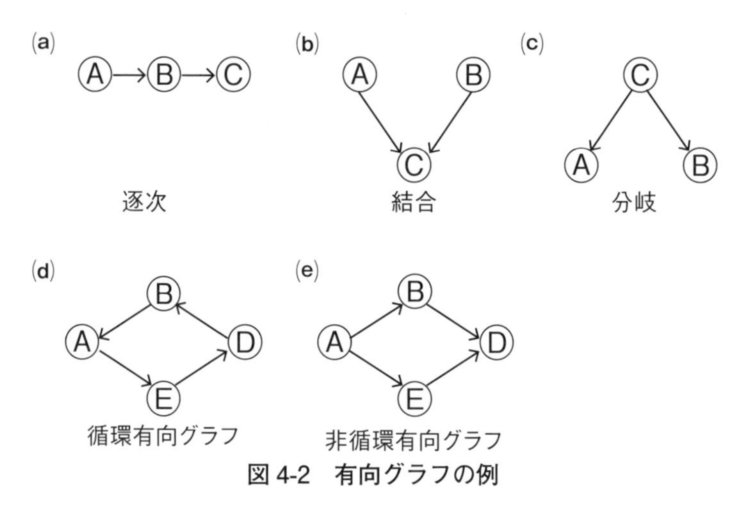

図4-2　有向グラフの例

1980年代後半にジャンクションツリーアルゴリズムと呼ばれる方法が提案され，それを実装化したソフトウェアも製品化された。予測や意思決定，障害診断などの分野で広く実用化されていった。

（3）サポートベクターマシン（SVM）

1章で述べられたように単純パーセプトロンとは，それぞれの値に結合荷重を掛けて，その値がある値よりも大きいか小さいかによって判別する。入力が2個の場合を考えてみよう。それぞれの入力に重み w_1, w_2 を掛け，閾値の大小に応じて0か1の値を出す。これは図で表すと，**図4-3**のように境界となる直線を求め，その直線よりも上にあるかどうかで判定していることになる。単純パーセプトロンでは，間違った判定をするたびに結合荷重の値を修正することで，直線で分類できるような問題であれば最終的には正しく分離できるようになるというものである。

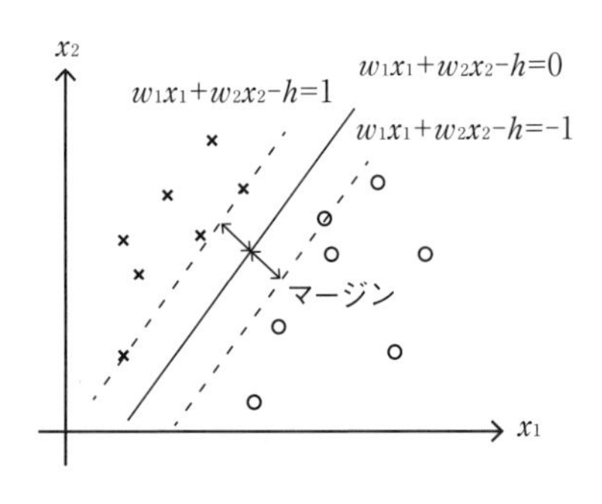

図4-3　サポートベクターマシン

しかし，**図4-3**のような状況でより良く分類することを考えると，訓練サンプルをギリギリに通過するような直線（3次元以上であれば超平面）よりは**図4-3**のように余裕を持って分離できるような直線のほうが良い。そこで，図に示すようにギリギリに通った直線を

$$w_1 x_1+w_2 x_2-h=1 \quad \cdots(1)$$

$$w_1 x_1+w_2 x_2-h=-1 \quad \cdots(2)$$

となるように w_1，w_2，h の値を調整すれば，図のマージンの値は

$$\| w \| = \sqrt{w_1{}^2+w_2{}^2} \quad \cdots(3)$$

の値に反比例することになる。つまり条件（1），（2）を満たしながら（3）

が最小になるような w_1, w_2, h を求めることになる。この問題は2次計画問題として知られており多様な解法がある。このように**サポートベクターマシン**とはマージンを最大にする学習法である。

さらに，線形で分離できないような問題に対しては，各点を非線形な写像 $\phi(x)$ を用いて変換して識別を行うこと「**カーネルトリック**」という方法が提案され，サポートベクターマシンの能力が拡大した。それによってニューラルネットワークを凌ぐパターン認識能力を持つ事例も報告され，広く使われるようになった。

3. ニューラルネットワークの展開

(1) バックプロパゲーションの課題

3章で述べられたバックプロパゲーションについてもう少し詳しく見てみよう。ニューラルネットワークは入力層，隠れ層，出力層からなる。ニューロンは入力を受け取るとそれぞれに重み（**図1-10**参照）をつけて，その値に応じて値を出力し，次の層のニューロンへと伝え，最終層へとつながっていく（**図3-4**参照）。これは多入力，多出力の1種の関数のようなものと考えることができる。そこで，望むような重みの値をどのように決めるのかが問題となる。バックプロパゲーションでは，最初にランダムに決め，出力の値と正解との値の誤差を求め，誤差が小さくなるように重みを随時修正していくことで例題に正解するよう学習するものである。このとき，扱う題材の規模によって何層にするか，各層のニューロンを何個にするかが問題となってくる。

1層の隠れ層を持つ3層からなるニューラルネットワークについて，隠れ層に十分な数のニューロンを用意すれば，任意の関数を望む精度で近似することが船橋賢一らによって示されている。一方，層の数を多く

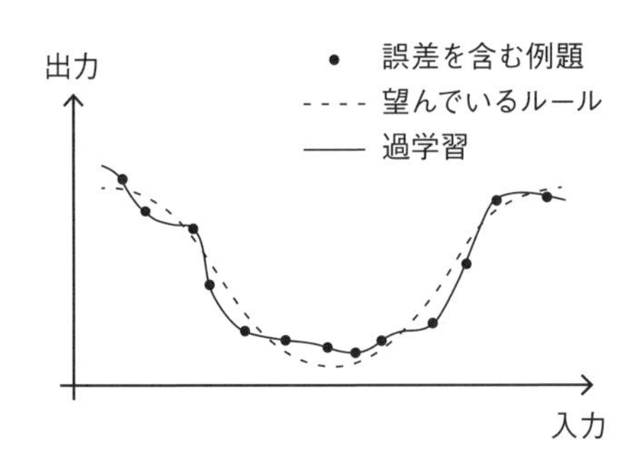

図 4-4　汎化と過学習

すればニューロンの個数を少なくすることができる。

学習では例題をもとに学習することでその例題の中にあるルールを覚え，例題以外の状況でも適応できる**汎化能力**が求められる。例題には時としてルールから少し外れた誤差のようなものが含まれることがある。そのため，層やニューロンの数を増やして学習させるとルール以上に過度に例題に適応してしまうことも起こる。これが**過学習**の問題である（**図 4-4**）。また，バックプロパゲーションでは，出力層から入力層の方向へ重みが誤差に与える影響を計算し，誤差が小さくなるように重みを修正していく（誤差の情報が逆方向に伝播するので誤差逆伝播法という）。このとき，逆方向への誤差情報は積の形で伝わるため，入力層に近い層に進むにつれて修正するための情報が消失し学習が進まない場合や逆に情報が増大し学習が不安定になる問題があった。

一方，ネットワーク構造を工夫することで，これらの問題に対処し成果を上げた研究もあった。そこで代表的なニューラルネットワークについて紹介する。

(2) 畳み込み型ニューラルネットワーク

脳において目から入った情報は一旦大脳皮質一次視覚野へと送られ

る。視覚野の細胞は視野の中でそれぞれ特定の範囲にのみ反応するようになっている。その範囲を受容野という。そしてこの視覚野の細胞には，受容野で特定の場所に特定の刺激が来たときにだけ反応を示す**単純型細胞**と，受容野での位置によらずに特定の刺激が来れば反応する**複雑型細胞**があることが知られている。

この脳の構造をヒントに1989年にLeCunらが提案したモデルが**畳み込み型ニューラルネットワーク**（CNN，Convolutional Neural Network）である（**図4-5**）。CNNは畳み込みを行う層とプーリングを交互に繰り返した構造をしている。図ではシート状に表されているものは同じ個数からなるニューロンの集団を表している。これをチャネルという。**畳み込み層**と**プーリング層**がセットになっており，同じ個数のチャネルを持っている。

そこで，一つ一つのチャネルの振る舞いについて説明する。畳み込み層のチャネルのニューロンは前の層のある特定の範囲と結合している。その領域が受容野に対応する。**図4-5（b）**は畳み込みのニューロンの計算を表したものである。入力として5×5の画像をイメージし，0であれば白，1であれば黒の絵で塗られているものとしよう。畳み込み層のそれぞれのニューロンは特定の領域のうちの3×3の範囲の情報だけを処理する。領域には格子状のフィルタがあり，入力値とフィルタの重みの積の合計値を畳み込み層のニューロンの出力値とする。図では，3×3の左上から

$$
\begin{aligned}
&0\times(-2)+0\times(-1)+1\times1\\
&+0\times(-1)+1\times1+0\times(-1)\\
&+1\times1+0\times(-1)+0\times(-2)=3
\end{aligned}
$$

となる（**1章**で述べられたように，ニューロンはこの値を元に出力を計算することになるが，ここではその計算については省略し，この合計値

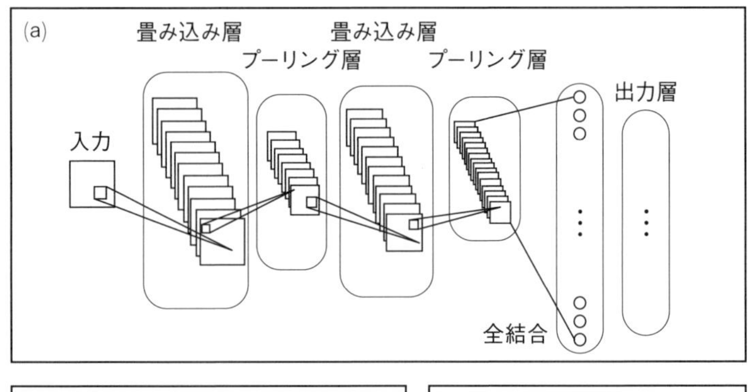

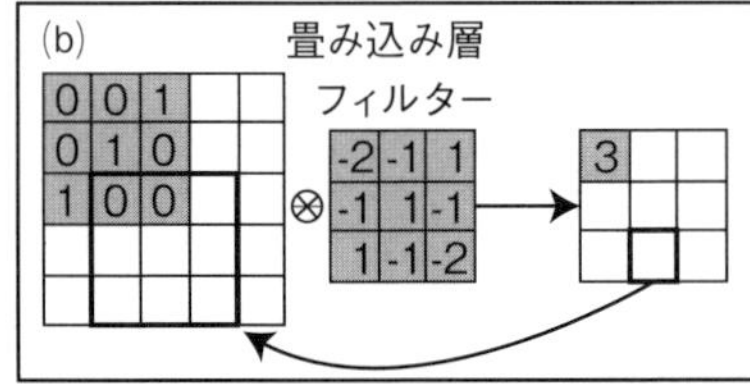

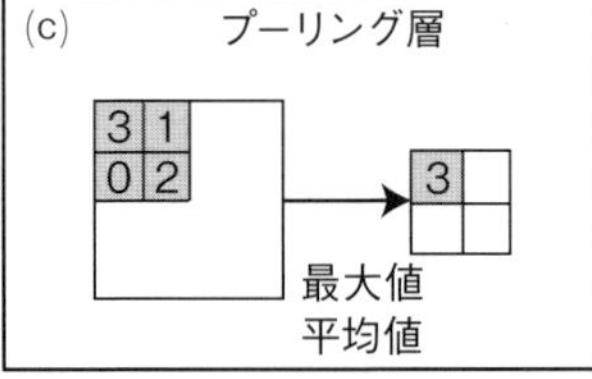

図 4-5　畳み込み型ニューラルネットワーク

を出力であるとして説明する)。

この例の場合にはフィルタは左下から右上にかけて正の値を取り，入力層の領域と同じ特徴を持ち，畳み込み層の値は大きくなる。一方，もし，入力の領域の値が左上から右下への 3 マスだけが 1，それ以外は 0 の値を取るとすると，畳み込みの演算は

$$1\times(-2)+0\times(-1)+0\times1$$
$$+0\times(-1)+1\times1+0\times(-1)$$
$$+0\times1+0\times(-1)+1\times(-2)=-3$$

となる。このようにフィルタの重みはその領域における特徴を反映させることになる。また入力と重みの積を合計するという計算はバックプロパゲーションと同様であるため，その学習を利用することができる。つまり畳み込み層のチャネルによって異なる特徴を反映したマップになっ

ている。

一方，プーリング層は前の畳み込み層のチャネルと結合しており，プーリング層のニューロンは特定の領域と結合している。そして，そのニューロンの値はその領域内の最大値や平均値といったその領域の代表値を取る。つまり，このニューロンは位置によらない特徴を粗く反映した振る舞いをする。

このネットワークは各層に多くのニューロンを持つ多層のネットワークであるが，それぞれの結合は局所的に限定されており，計算のコストを削減することができる。そして，畳み込み層やプーリング層によって，入力を位置や大きさによらない様々な特徴に分解することができるという利点がある。このネットワークは提案したLeCunの名前からLeNetと呼ばれている。

(3) 回帰型ニューラルネットワーク

図3-4に示すようにこれまで述べたネットワークはすべて入力から出力まで順に進んでいく形をしている。このようなネットワークのことを**フィードフォワードネットワーク**という。一方で，フィードバックを含むネットワークのことを**リカレントネットワーク**（**回帰型ネットワー**

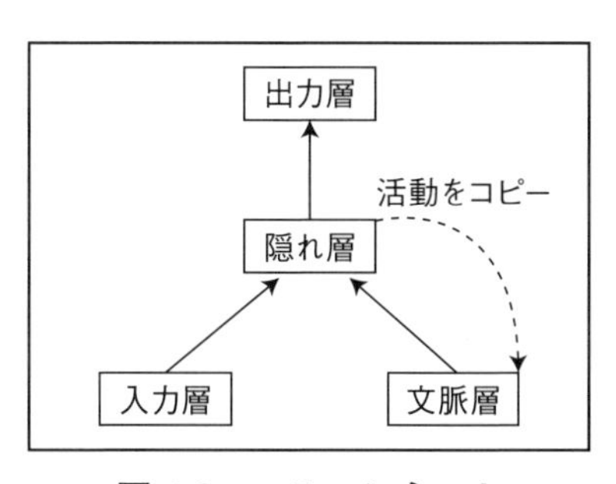

図4-6　エルマンネット

ク）という。例として1990年に提案されたエルマンのネットワークを考えてみよう。エルマンは文章を構成する単語を逐次入力層に与え，次の単語を予測するように訓練するという問題を設定した。これを**図4-6**に示すようなネットワークを用いて学習させた。

文脈層とは，ニューロンの個数は隠れ層のニューロンの個数と全く同じで，その活動パターンをそっくりそのままコピーする。この結果，隠れ層は入力層からの入力と，1ステップ前の自分自身の活動という2つの種類の入力を受け取る。それによって，処理を行うときに前回までの入力の情報を利用することができる。エルマンは，少数の名詞，動詞などの単語と少数のルールから単純な文を多く作成した。この文をもとに単語を並べた系列を作成し，次に来る単語を教師信号として学習を行った。このような手順で十分学習したのち，再度系列を入力し，各単語を入れたときの隠れ層の平均活動パターンを調べた。すると，動詞と名詞，他動詞と自動詞，名詞であれば生物と非生物といった具合に単語の文法的な特徴にあった活動パターンほど近い活動パターンとなっていることがわかった。つまり，このネットワークは単純な文を用いて，次の単語を予測するという学習を行い，その学習を通して，文の順番の中に含まれている情報から文法的な属性といった知識を獲得したと考えることができる。

前述のエルマンのネットワークでは再帰型の結合部分の学習は行っていなかったが，学習についても時間をさかのぼって過去の誤差情報を用いることで学習を行う方法が提案されている。しかし，過去の古い誤差情報を使うことは多層のネットワークと同様に学習の不安定さをもたらすことになってしまう。

こうした問題をネットワークの構造で解決したのが**LSTM**（Long Short-Term Memory）である。LSTMは隠れ層のニューロンの代わ

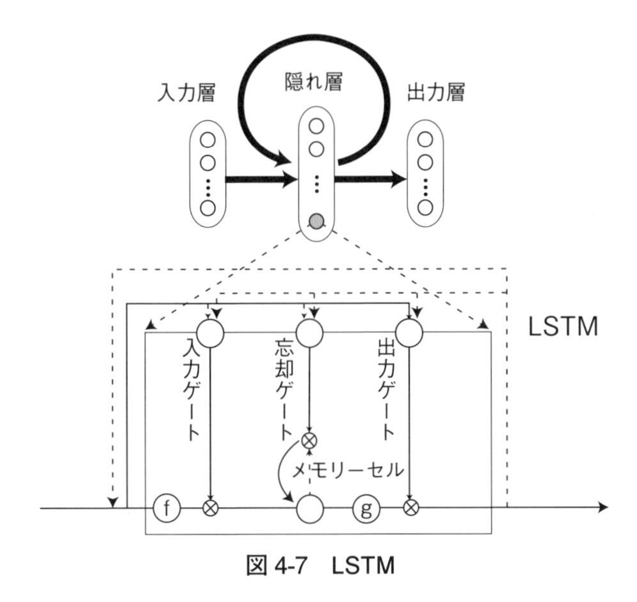

図 4-7　LSTM

りに長期にわたる情報を利用するための様々な要素からなる LSTM ブロックを並べてできたネットワークである。LSTM は 1997 年に Sepp Hochreiter らによって提案され，その後，様々な改良が加えられ，時系列の学習などに広く用いられている。

(4) 強化学習

人が行う学習は例題と正解という例を元にしたものだけではない。**強化学習**とは学習する主体が環境との相互作用を通じ，行動に対するフィードバック信号に基づいて学ぶ学習のことをいう。例として，コンピューターが迷路の解き方を学習することを考えてみよう。うまく解くことができればゴールにたどり着き，行き止まりになってしまうと失敗である。

迷路は，碁盤の目のように区切られており，状態や行動も限られているものとしよう。それぞれの状態を把握し，どの場所に移動するかといった行動を起こす。学習をすると，どのような状態でどこに移動すればよいのかを学ぶ。この状態と行動との間のルールを政策という。

強化学習では，次の行動を決定するのは過去の状況に依らず，現在の状況だけによって決まるとしてモデル化を行っている。このような**マルコフ決定過程**という。現在の状態が碁盤の目の位置と考えると，このマルコフ過程という条件は厳しい制約のように思われるかもしれないが，例えば，予め決めた回数分の過去の位置も含めた位置を現在の状態と定義すれば，より複雑な状況をも表現できることになる。

さて，迷路でもらえる報酬を考えると，特定の場所を通ってほしい場合に，その場所を通ったときに報酬を与えるということもできるが，通常はゴールにたどり着いたときに報酬が与えられるということが考えられる。しかし，これだけの情報であると，途中にどのように行動を修正してよいのかがわからない。そこで，強化学習では，それぞれの状態において，今後もらえる累積の報酬の期待値を考え，そして，それぞれの状態に対し，得られる報酬の期待値である状態価値関数を考える。さらに，それぞれの状態における行動ごとの報酬の期待値を行動価値関数というが，すべての状態に対し，この行動価値関数がわかれば，それが最大となるような方策を求めればよいことになる。

しかし，規模の大きな問題に対しては計算の量が莫大となり現実的ではない。そこで，試行錯誤の過程で価値関数を推定し修正しながら，行動を身に付けていくことになる。代表的なものとして，Q 学習がある。

こうした強化学習を利用することで，具体的な行動を教えなくても自動的に行動やルールを身に付けることができる。

参考文献

［1］田中穂積編集『人工知能学事典』（共立出版，2005 年）

［2］植野正臣『ベイジアンネットワーク』（コロナ社，2013 年）

［3］甘利俊一，外山敬介編『脳科学大事典』（朝倉書店，2000 年）

［4］J. L. Elman,『Finding Structure in Time』(Cognitive Science Vol. 14, pp. 179-211, 1990 年)

［5］巣籠悠輔『詳細ディープラーニング』（マイナビ出版，2017 年）

演習問題

【問題】

次の入力とフィルタに対する畳み込み演算はどうなるか計算せよ。

0	0	1	0
0	1	0	1
1	0	1	0
0	1	0	0

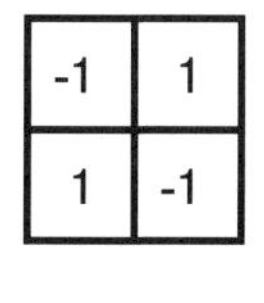

-1	1
1	-1

解答

左上から　$0\times(-1)+0\times1+0\times1+1\times(-1)=-1$

右に一マス分スライドさせて　$0\times(-1)+1\times1+1\times1+0\times(-1)=2$

同様にして　$1\times(-1)+0\times1+0\times1+1\times(-1)=-2$

一番左に戻って最初から一マス分下げて

$$0\times(-1)+1\times1+1\times1+0\times(-1)=2$$

と順に計算すると

-1	2	-2
2	-2	2
-2	2	-1

となる。

5　2010年代第3次ブームと未来社会

山口　高平

《目標&ポイント》　ワトソンの開発，機械学習とディープラーニング（深層学習）が多くの分野で適用され始めた結果，2010年代に第3次AIブームが訪れ，ボードゲームAIや医療画像診断では，人の能力を超えるシンギュラリティ（トランセンデンス）がすでに起こっているといえる。しかし，ディープラーニングにも多くの限界があり，真のシンギュラリティは遠い将来の事であり，盲目的な期待をしてはいけない。本章では，第3次AIブームの現状を冷静に分析する。

《キーワード》　ワトソン，グーグルの猫，Image Net，ボードゲーム（チェス，将棋，囲碁），医療診断，ディープラーニングの進展と多様化（画像認識，言語処理，GAN），弱いAI，強いAI，汎用人工知能（AGI）

1．2つの画期的なAIの登場

第3次AIブームは，以下の2つの画期的なAIシステムから始まったといえる。

一つは，2011年2月，IBMのAIワトソンがジョパディ！という米国のクイズ番組で，二人のグランドチャンピオンに挑戦し勝利したことである(**図5-1**)。ジョパディでは，同じ問題は出題されないので，長寿番組である事から，近年の問題の難易度はかなり高く，一般人ではもはや解答できないと言われている状況下で，

図5-1　ワトソン（中央）

ワトソンが二人のグランドチャンピオンに挑み，見事に勝利を収めた。何か画期的なAI技術がワトソンで開発されたのだろうか？答えはノーであり，自然言語理解，情報検索，不確実性推論，時間推論，空間推論，仮説生成，仮説評価とランキング，機械学習，知識表現と構造化データなど，約100種類のAI技術を統合（インテグレーション）した成果であり，IBMワトソン研究所の約20名の研究員が，4年間かけて開発し，世界チャンピオンに勝利して，画期的なAIシステムとして記憶されることになった。

もう一つは，**4章**で説明した，ディープラーニングの具体的適用結果が，2012年6月，グーグルから発表され，グーグルの猫と呼ばれた。この研究では，YouTubeから1000万枚の画像を9層のディープラーニングに与え，3日間，1000台のコンピュータで学習させたところ，この画像は猫とか人の顔とか教えなくても，学習後に，**図5-2**のように人の顔や猫を認識できた。

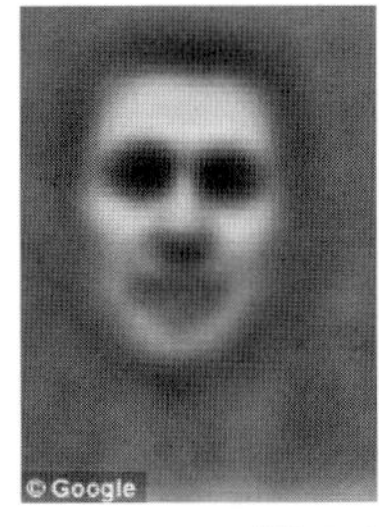

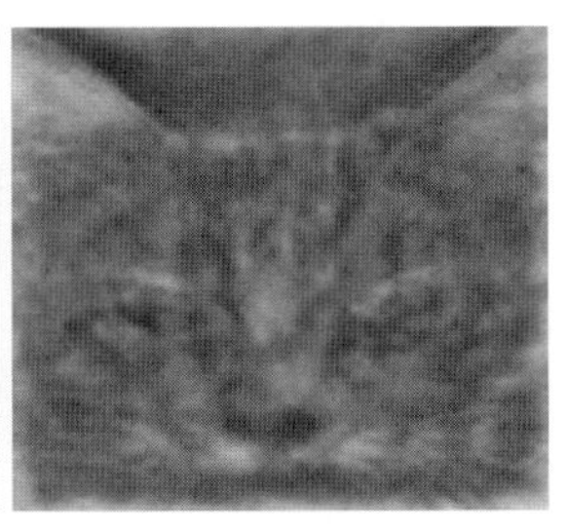

図5-2　グーグルの猫

2回目のAIブームは国主導の側面が大きかったが，これらの画期的なAIシステムは民間企業によって研究開発され，3回目のAIブームは民間企業主導で発展していく。2018年現在，AI研究開発とAI社会実装はともに米国がリードしているが，AI社会実装については中国が急伸してきており，米国のIBMやMS（マイクロソフト）に加えて，データプラットフォーマGAFA（グーグル，アップル，フェイスブック，アマゾン），中国のBAT（バイドゥ（百度），アリババ（阿里巴巴），テンセント（騰讯））がAI研究開発に多額の資金を投入し，欧州・日本・カナダなどが，米中を追従する状況になっている。なお，AIの国家戦略については，**第15章**を参照して頂きたい。

2. ボードゲームAI

代表的なボードゲームには，チェスと将棋と囲碁があるが，手の組み合わせ数は，チェスは10^{120}，将棋は10^{220}，囲碁は10^{360}通りあり，囲碁が最も難しいボードゲームである。以下，3種類のボードゲームAIの研究の発展について述べる。

(1) AIチェス

ボードゲームAIは，1956年のAI研究発足時からの研究テーマであり，人のプレイヤーに勝利するAIチェスの開発が長年の目標であった。

1967年，MITの学生によって開発されたチェスプログラム，マックハック（Mac Hack）Ⅳが，世界で初めてチェス競技会に参戦し，人に勝利し，そのレイティングは1640程度であった（チェスの強さはレイティングにより示され，アマ初級者800～1200，アマ中級者1201～1700，アマ上級者1701～2000，アマ超上級者2001～2299，プロ2300以上，グランドマスター2500以上，スーパーグランドマスター2700以上，世界チャンピオン2800以上，とされる）。

これ以降も，AIチェスと人との対戦は続き，1997年，IBMが開発したAIチェス「ディープ・ブルー（Deep Blue）」が，当時の世界チャンピオンであるガルリ・カスパロフ（当時ソ連）と6回対戦し，2勝1敗3引き分けにより勝利を収めた（**図5-3**の左の写真で，左側の人物がカスパロフ）。こうして，約40年かけてAI発足時の目標が達成されたといえる。Deep Blue は，チェス専用のスーパーコンピューター上で動作し，プログラムはC 言語で開発され（約5万行），プレイヤーの過去の棋譜から,探索評価関数が考察され,1秒間に2億手の先読みを実行する。

この後，スーパーコンピューターではなく，通常のパソコンで動作するチェスプログラムが開発され，現在，スマートフォンで動作するチェスプログラムが,グランドマスターレベルのレイティングを挙げている。

(2) AI 将棋

将棋は,持ち駒（相手から奪った駒を自分の駒として利用するルール）など，日本固有のルールがあり，世界レベルではあまり普及していないため，AI 将棋の研究は，主に日本国内で進められてきた。

図 5-3　ゲームと AI（チェス，将棋，囲碁）

1975 年当時，早稲田大学の修士学生であった瀧澤武信氏（現コンピュータ将棋協会会長）により，初めて，AI 将棋が開発されたと言われている。1980 年代以降，早稲田大学，大阪大学，東京農工大学，東京大学などで開発されたコンピュータ将棋どうしでの対戦が実施され，棋力を向上させていった。2005 年，人のアマチュア竜王戦，激指（げきさし)という AI 将棋が参戦しベスト 16 まで進出し,大きな話題となった。そして 2013 年，ポナンザという AI 将棋ソフトがプロ棋士佐藤慎一四段と対戦し，プロ棋士に初めて勝利し，2017 年，佐藤天彦叡王（**図**

5-3の中央の写真の人物が佐藤天彦叡王）と2回対戦してともに勝利した。対戦後のインタビューで，佐藤天彦叡王はポナンザが指す手の意味を理解できなかったとコメントしたが，実は，ポナンザは新しい定石を学習していた。

すなわち，ポナンザでは，プロ棋士同士の過去の5万局程度の棋譜（対局記録）データから機械学習させた結果，例えば，自分の王将と，相手の金と銀の3つの駒が形成する三角形の特徴から有効な次の一手を指す，あるいは，龍，馬，飛車，角，桂，香，の6つの駒の利き筋にある駒の種類から次の一手を指すことなどを学習した結果，人間では考えつかない手を指すことになり，プロ棋士でも頭を悩ます結果になったといえる。

(3) AI囲碁

AI囲碁は，1980年代以降，日本，韓国，中国で研究が進んだが，組み合わせ数が膨大であるため，棋力がなかなか向上しなかった。しかしグーグルDeepMind社は，プロ棋士同士の過去の数百万局の棋譜データを利用したディープラーニングと自己対局（アルファ碁同士の対局）による強化学習（勝利につながる打ち手の評価値を高く，そうでない打ち手の評価値を低くする機械学習）とモンテカルロ法（ランダムに手を打ち続け，勝利パターンを見つける探索）を統合したアルファ碁を開発し，ディープラーニング高速実行コンピュータ（CPUサーバ1202個，GPUサーバ176個）を数ヶ月間実行させて，2016年3月に韓国の世界ランキング2位のイ・セドル九段に挑戦し，5回対戦した結果4勝1敗で勝利し，**表5-1**のように，囲碁世界ランキング2位になった。左から3列目が性別欄であるが，アルファ碁の性別は無しとなっている。

そして，2017年5月，世界ランキング1位の柯潔（カ・ケツ，Ke

表 5-1　囲碁世界ランキング（http://nitro15.ldblog.jp/archives/48594768.html）
（2016.10.5）

Statistics

Games	58087
Players	1771
Most Recent Game	2016-10-05

Rating List

For older ratings, check History page. There is also a History of top ladies.

Rank	Name	♂♀	Flag	Elo
1	Ke Jie	♂		3607
2	Google DeepMind AlphaGo			3604
3	Park Junghwan	♂		3597
4	Lee Sedol	♂		3537
5	Ivama Yuta	♂		3524
6	Mi Yuting	♂		3520
7	Kim Jiseok	♂		3518
8	Tuo Jiaxi	♂		3514
9	ChenYaove	♂		3510
10	Shi Yue	♂		3510

Jie）に挑戦し，3 回対戦して全勝した（**図 5-3** の右側の写真の人物が柯潔)。柯潔の対戦後のインタビューでは，佐藤天彦叡王と同様に，負けたから悔しいというより，アルファ碁が打つ手の意味が理解できなかったとコメントし，アルファ碁は多くの新しい定石を学習していた。

この後，アルファ碁はさらに進化して，2017 年 10 月には，アルファ碁ゼロが開発された。プロ棋士の棋譜データを全く使用せず，強化学習のみを利用して，柯潔に勝利したアルファ碁と 100 回対戦して全勝した。さらに，アルファ碁ゼロはアルファゼロへと発展し，ルールの異なる囲碁・将棋・チェスにおいて，世界最強の AI チェス，AI 将棋，AI 囲碁と対戦して勝利し，3 種類のボードゲームで世界最強となり，ボードゲームの世界に限定すれば，AI は人を追い越し，シンギュラリティの世界が誕生したと言える。

3. 機械学習の普及

AIの社会実装については，機械学習を適用したアプリケーションが数多く開発されている。以下，2つの適用事例について述べる。

まず，2011年に開発されたPredPolという犯罪予測AIがある（文献[1]）。これは，**図5-4**のように，ある住宅街で事件が起こったら，翌日その周辺で同様の事件が起こる可能性のある地域に赤いマークが出る（図では，長方形で囲まれている）。すると警官は翌日そこで待ち伏せし，強盗がやって来て，強盗が悪事を始めたら，取り押さえる。PredPolは，ロサンゼルスで実用化され，その犯罪率が何とほぼ半減した（47%削減）。PredPolは，世界で一番社会貢献しているAIかもしれない。

日本でも農業，製造業，サービス業のあらゆる産業で，ビッグデータに機械学習が適用されている。例えば，回転寿司のスシローでは，年間40億のPOSデータが蓄積され，機械学習を適用した結果，売れ筋の寿司ネタが予想されている（文献[2]）。**図5-5**のように，寿司職人の前にディスプレイが置かれ，1分後にはエビが売れる，15分後にはマグロ

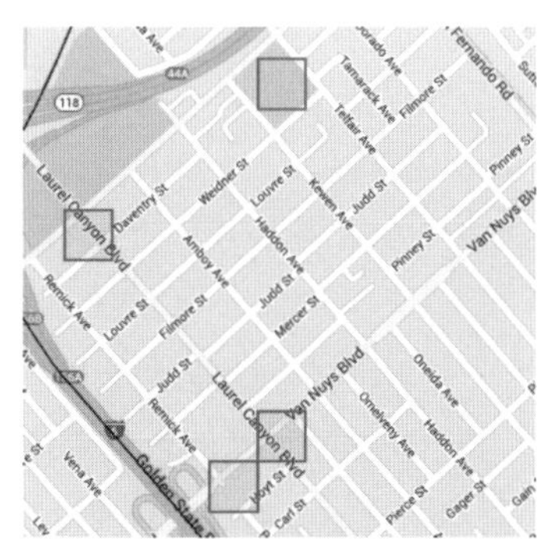

図5-4　PredPolの犯罪予想　出典：https://newswitch.jp/p/236

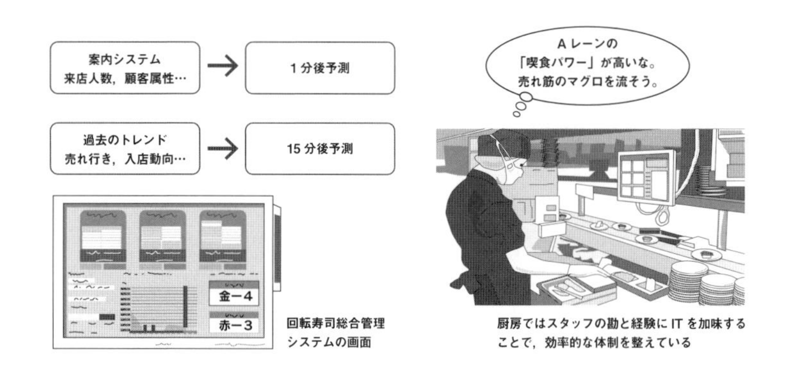

図 5-5　寿司ネタの予想

が売れるというような予想が提示され，その予想に従って寿司職人がネタを握る。寿司職人の皆さんはAIに命令されて気分は良くないと推察されるが，この結果，マグロの廃棄量が75%も削減され，エコに貢献するAIになった。

4. ディープラーニングの進展

画像認識精度を競うImageNet（ImageNet Large Scale Visual Recognition Challenge）というコンペにおいて，2011年まで従来の機械学習では，誤認率が25%程度で留まっていたが，トロント大学チームが，Alexnetという畳み込み型ニューラルネットワークにより参加した所，誤認率は16.4%まで一気に下がり，大きく注目される結果になった。

その後も，ディープラーニングの性能は向上し，2017年では誤認率が2.3%となっている。ImageNetで提供される画像は，紛らわしい画像も含まれており，人間が認識しても5%程度は誤認すると言われており，誤認率2.3％という精度は，写真の分類というタスクに限定されるが，人を超えた精度を達成したといえる。

このように，ディープラーニングの性能向上につれ，その応用が盛んになってきた。

例えば，2017年，国立がん研究センターと日本電気は，5,000枚のポリープ画像データと135,000枚の健常データをディープラーニングに与え学習させたところ，ポリープ検出精度が98.8％となった（**図5-7**）。医師によるポリープ検出精度は80％程度なので，ポリープ検出については，AIは医師を超えたといえる。

また，Amazonは，2018年，レジのない店舗Amazon GOをオープンした（文献［3］［4］［5］）。Amazon GOでは，スマートフォンに専用アプリをダウンロードし，店舗の端末をスキャンして入場した後，買い物をして店外に出るだけで自動的に課金される「Just Walk Out」を開発した。これは，**図5-8**のように，バッグに入れた商品がネット上の

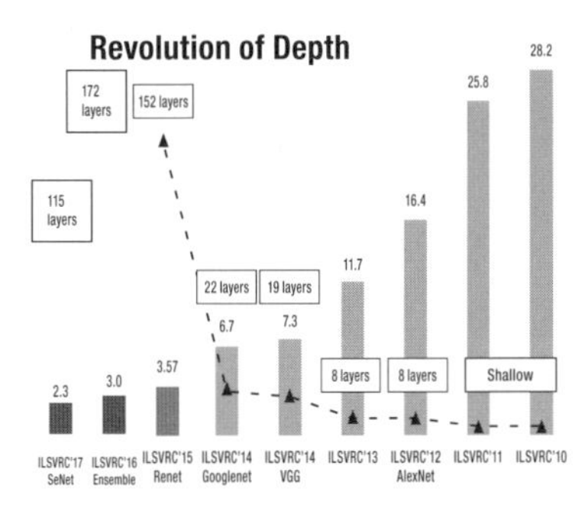

図5-6　ImageNetでの最良誤認率

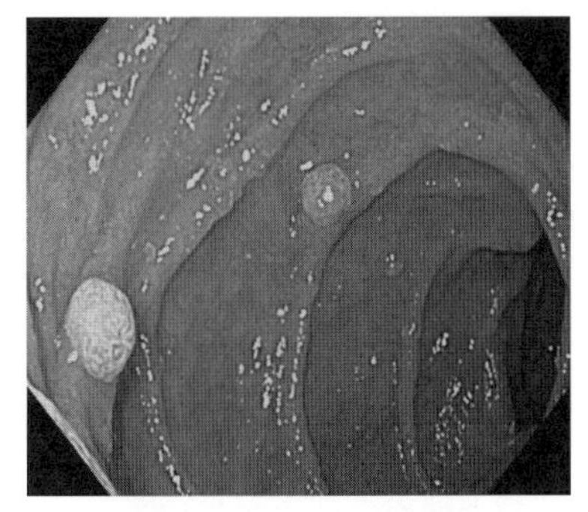

図5-7　ポリープの検出

図5-8　Amazon GOでの買い物

出典：https://www.youtbe.com/watch?v=NrmMK1Myrxc&t=50s
（YouTubeで“introducing amazon go”で検索）48秒位の画像

図 5-9　Amazon GO の天井センサー群

仮想カートに自動的に追加され，課金される。「Just Walk Out」は，センサーフュージョン（複数のセンサーの統合，**図 5-9**），画像・動画の処理技術であるコンピュータ・ビジョン，ディープラーニングを統合したシステムであり，一度バッグに入れた商品を棚に戻しても，その返品動作を正確に認識し，仮想カートおよび課金リストからその商品を外し，気が変わって，再度その商品をバッグに入れれば，仮想カートに再度追加され，課金される。

2018 年末までに，シアトルとサンフランシスコとシカゴで，Amazon GO は営業されている。今後，多くの Amazon GO 店舗が営業されれば，レジ待ちがなく，客の回転が速いため，Amazon GO の収益は，通常のコンビニエンスストアの 1.5 倍になるという予測が立てられている。ただし，Amazon GO では，レジ待ちがない店舗であり，レジ以外に，食品の調理や棚卸などには多くの人が働いており，現状では，無人店舗ではないことに注意すべきである。また，Amazon GO で収集された顧客の行動データを学習分析することにより，よりよい販売戦略を立案できる可能性がある。なお，Amazon GO の Just Walk Out では，赤外線センサー，天井センサー，商品の重さを計量するセンサーなど，大規模な装置を備えているが，より簡易で安価な装置で Just Walk Out を実現するシステムである Standard Cognition なども開発され，小売店舗が大きく変化しようとしている。

5. ディープラーニングへの過度の期待と誤解

2017年7月,NHKスペシャル「AIに聞いてみた どうすんのよ!? ニッポン」という番組においても，5,000種類，700万のオープンデータにディープラーニングが適用されたが,

(1)「40代結婚しない一人暮らしが日本を滅ぼす」
(2)「少子化を止めるためには結婚よりも車を買った方が良い」
(3)「病院を減らせば健康な人が増えるぞ」

など，意味不明な結果が紹介された（文献［6］)。例えば（3）の結果は，ディープラーニングがY市の行政データに適用され，Y市の経営悪化→大病院が他市へ移動→病人も移動→市全体人口に対する病人の割合が小さく，すなわち，健常者の割合が大きくなるというような因果関係が背景にあるのだが，病院数と健常者割合だけをみた相関結果を提示したようであり，このような結果になる理由を読み解かないで，ディープラーニングの学習結果をそのまま使うと,大きな誤解を生んでしまう。すなわち，ディープラーニングが扱えるのは相関関係であり，原因となる変数は隠れているのである。原因が隠れている相関を擬似相関というが，ディープラーニングは，擬似相関の結果を出しているだけで，決して原因と結果の関係を出しているわけではないのである。番組では，相関が正しい因果関係を示しているかどうかは，人が検証する必要があると正しく説明していたが，MCが「これって神のお告げだよね」と言ったがために，この一言が，あとでネットを見ると，このAIを過大評価するようなコメントが拡散していた。

エンドユーザには，このようにディープラーニングの性能を誤解して

しまうケースがあり，ここではその現象を「アルファ碁シンドローム」と呼ぼう。以下，典型的な誤解に基づく，ユーザと開発者の対話例を示す。

ユーザ：囲碁で，AI（アルファ碁）がトッププロ棋士に勝ちましたよね。当社では，この業務の人件費がネックなんです。AIで代行できませんか？
AI 担当者：業務分析してみないとわからないです。
ユーザ：囲碁って，普通の人には難しいでしょ。その囲碁で AI が人を超えたんだから，こんな業務くらい，簡単でしょう？
AI 担当者：そうですかね？？？

第3次 AI ブームが始まり，どこの企業も何でもいいから AI を始めようという機運から AI プロジェクトが開始されるが，私の聞く限り，半分程度は途中で頓挫している。まず，業務分析をしっかり行い，様々な AI 技術があるなかで，どの AI 技術がどの業務に適用可能か，有用なデータは準備されているのか（無意味なビッグデータが結構多い）などなど，システム分析をしっかりする必要がある。

6. SF 映画と AI

現在の AI は，特定の問題解決において，人に優れているだけなので弱い AI（Weak AI）と呼ばれる。AI に関連した SF 映画は，ターミネーターなど数多くあるが，2014 年公開の映画トランセンデンス（**図 5-10**）で登場する AI コンピュータ PINN は，最初の場面では，ソーシャルメディアから初めて会う人物を特定し，現在の Weak AI で実現可能な AI であった（文献［7］）。

一方，Weak AI に対して，人類の全知全能を超越する状況はシンギュ

図5-10　トランセンデンス

ラリティ（本映画タイトル，トランセンデンスと同意）と呼ばれ，未来科学者レイ・カーツワイル（Ray Kurzweil）氏は2045年頃までに実現可能と予想している。シンギュラリティで登場するAIは，人類を超越して意識さえも持ちうる強いAI（Strong AI）である。本映画では，最初からStrong AIを構築するのではなく，主人公ウィルのマインド・アップロードにより，AIコンピュータPINNがウィルの意識を初期知能とするStrong AIに変化していく。マインド・アップロードについては，神経科学（ニューロサイエンス），脳波を読み取り機械を操作するBMI（Brain Machine Interface）の研究が関連する。最近のBMIの研究では，脳卒中で両手両足が不自由になってしまった患者の方が，念じるだけで，ロボットハンドでボトルをつかみ，水を飲む事などに成功した臨床実験が報告されている。これは，運動意図のアップロードに成功したといえるが，あらゆる意図・意識をニューロン（神経細胞）活動状態である脳波信号に対応付けて処理するためには，課題が山積しており，マインド・アップロードの実現はかなり先の事になると考えられている。

一方，マインド・アップロードではなく，初めからStrong AIを構築する研究もある。これは，従来型のAIと区別するために，AGI（Artificial General Intelligence，汎用人工知能）と呼ばれ，AGIの実現もかなり先になると予想されているが，本映画で描かれたAIコンピュータPINNが，自動プログラミングにより機能を拡張し，ネット上のコンピュータを支配していく過程はWeak AIの延長線で一部実現できるかもしれない。

本映画では，AI，AGI，神経科学，BMI，ナノマシン，再生工学などの多様な先端要素技術の連携により，トランセンデンスが実現されていく。近年，研究を進める方法論として，要素技術を深く追及していくのではなく，多くの技術を連携させて新しい原理を見出していく研究スタイルが注目され，トランスディシプリンと呼ばれている。その究極の姿が本映画「トランセンデンス」にあるのかもしれない。

最後に，テロ集団R.I.F.T.がAIを邪悪と考えAI研究者を攻撃するシーンは恐怖を感じたが，研究者はより倫理観をもって研究を進めよということを示唆しているのであろう。

参考文献

[1]『都市の犯罪発生を予測し，未然に防ぐ』（ニュースイッチ，https://newswitch.jp/p/236）

[2]『好みのネタがいつも目の前に，食欲をデータ分析，15分後まで予測』（日経情報ストラテジー2013年9月号，pp.60-63，2013年）

[3]『Amazon GOでミライ体験！レジ無しAIコンビニの仕組み，技術と課題』（Orange Operation，2017年6月，https://orange-operation.jp/posrejihikaku/self-checkout/10331.html）

[4]『レジ不要の「Amazon GO」が変える買い物体験 -- 顧客と企業，それぞれのメリット』（CNET Japan，2018年7月，https://japan.cnet.com/article/35122166/）

[5]『米中の小売りに広がる「Just Walk Out」，顧客の識別と決済で各社に違い』（DiGITALIST，2019年2月，https://project.nikkeibp.co.jp/atcldgl/business/022600094/?P=2）

[6]『AIに聞いてみた どうすんのよ！？ニッポン』（NHK，2017年7月）https://www.nhk.or.jp/special/askai/index.html）

[7] 山口高平『「トランセンデンス」におけるRのリアリティ，TRANSCENDENCE』（松竹，2014年）

[8] 田中穂積編集『人工知能学事典』（共立出版，2005年）

[9] 山口高平『人工知能(AI)がもたらす新しい社会』(情報システム学会第9回シンポジウム，2016年)
[10] 山口高平，松原仁，武田浩一，渡辺日出雄『特別鼎談：AI今昔 - 人間とAIは，協調し補い合いながら人類の幸福を目指していく』(IBM ProVISION，No.83，pp.22-27，2014年)

演習問題

【問題】

(1) IBMのクイズ人工知能ワトソンは，AI技術の観点からは，どのような意味で画期的であったか？

(2) AI将棋ポナンザ，AI囲碁アルファ碁は，新しい定石をどのような方法で生み出したのか？

(3) PredPolは，社会にどのように貢献しているか？

(4) ImageNetという画像認識精度コンテストにおいて，ディープラーニングの進展は3段階を経たと言われる。多層度の観点から，その発展経緯を述べよ。

(5) Amazon GOにおけるJust Walk Outの仕組みを説明せよ。

解答

(1) IBMのクイズ人工知能ワトソンでは，新しいAI技術が発明されたのではなく，推論，言語処理，機械学習などの分野で既に開発されていた，100種類以上のAI技術群を統合することにより，クイズの解答精度を高めた点が画期的であった。

(2) AI将棋ポナンザ，AI囲碁アルファ碁では，棋譜データに機械学習・ディープラーニングを適用して，新しい定石を見つけ出した。

(3) PredPolは，過去の犯罪データに機械学習を適用した結果，「ある住宅地区に空き巣が起これば，翌日どの辺りに同様の空き巣が起こる」などの犯罪予測ルールが学習され，社会の犯罪率の低減に貢献した。

(4) 画像認識には，CNN(畳み込み型ニューラルネットワーク)が適用されるが，2012-2013年は10層程度のCNN, 2014年は20層程度のCNN，2015年以降は100層以上のCNNへと発展し，現在に至っている。

(5) Amazon GOにおけるJust Walk Outは，センサーフュージョン，コンピュータビジョン，ディープラーニングを統合し，棚からバッグに商品を入れる・バッグから棚に商品を戻す行為を自動認識し，買い物をして店外に出れば自動課金されるシステムである。

6　スポーツデータマイニング

山口　高平

《目標＆ポイント》 本章では，データサイエンスの実践における（20年前はデータマイニングと呼んでいた）課題を復習した後，スポーツデータマイニングの事例として，少年剣士フォーム矯正，野球の戦術分析・バッティングフォーム矯正，サッカー戦術立案について述べる。

《キーワード》 データマイニング，映像データ分析，野球の戦術分析・バッティングフォーム矯正，少年剣士フォーム矯正，サッカー戦術立案

1. データマイニングとスポーツ

現在，ビッグデータの時代を迎え，データ分析に基づく高度な意思決定システムが求められ，データサイエンスという言葉がよく聞かれるようになったが，実は，2000年前後では，データマイニングという用語に同様の期待が寄せられた。データマイニング工程は，**図6-1**に示すように，データ前処理，マイニング，結果後処理という工程が繰り返し実施される。データ前処理とは，分析目的に関連するデータの選択と生成であり，マイニングとは，統計手法・機械学習から適切なマイニング手法の選択であり，結果後処理とは，マイニン

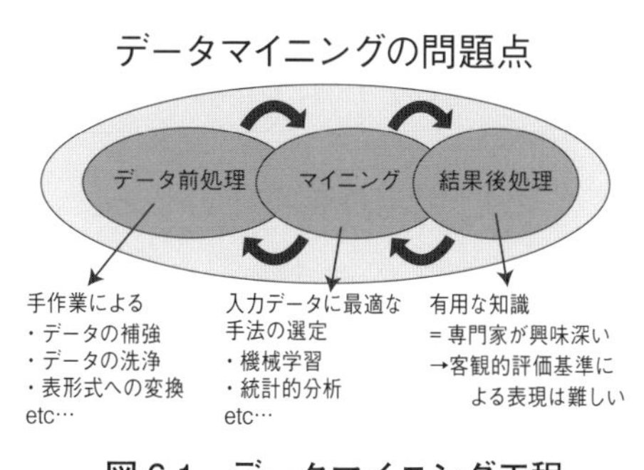

図6-1　データマイニング工程

グ結果を分析目的から意義付けることである。

データマイニングの適用現場において，各工程にかかるコストは，6:1:3～7:1:2と指摘され，データ前処理と結果後処理にコストがかかっている。マイニングに最もコストがかかりそうな気もするが，マイニングに関するソフトウェアライブラリが充実してきたため，容易に，マイニング手法を適用し，パラメータもカスタイマイズでき，いわば，コモディティ化されて，コストはかからないのである。一方，データ前処理では，自前のデータだけでは不十分で，どのようなデータを追加すればいいか，数値データを記号化すべきか，ノイズや欠損値をどのように処理するかなど，人が深く考慮しながら進める必要があるため，大きなコストを要している。また，結果後処理は，マイニング結果の妥当性をビジネスモデル，システム要件などから考察し，データマイニングを再度試みるべきか否かを総合的に判断する必要があり，これも人が深く関与するため，コストを要している。

一方，**図 6-2** に示すように，近年，各種スポーツで，選手のスキル向上，および試合戦略立案などのために，収集された各種データの分析が始まっている。例えば，映画にもなったマネーボールでは，野球のメジャーリーグで，打者を評価する場合，従来重視していた「打率」「打点」「盗塁」よりは，「出塁率」と「長打率」が重要であり，さらに，3：1の重みで出

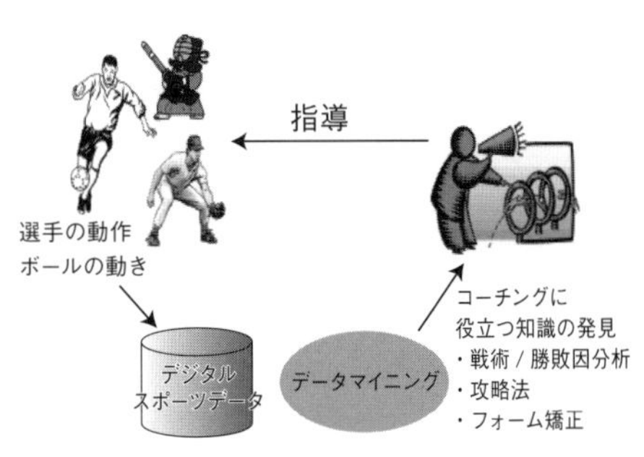

図 6-2　スポーツデータマイニング

塁率と長打率を考慮する事により，予算が少ない弱小チームを強くできる事が発見され（文献［1］），最近では，数値データだけでなく，映像データも連携させた，スポーツデータ分析が進められている。例えば，ミズノが開発した「スイングトレーサー」では，(1) スイング時間 (2) スイング回転半径 (3) 最大ヘッドスピード (4) インパクトヘッドスピード (5) ヘッド角度 (6) インパクト加速度 (7) ローリング（ボールにスピンを与えるバットの回転量）(8) スイング軌道という8項目を測定し，指導者がこれらの測定結果を利用して，より客観的にバッティングフォームを指導している。

このように，現在，スポーツデータ分析は，指導者を支援するレベルに留まり，完全なAIコーチのレベルには至っていないが，筆者らは過去に自律的なAIコーチの研究を試みており，以下，少年剣士の稽古を撮影し，デジタル映像処理とデータマイニング技術を統合した「少年剣士フォーム矯正支援システム」，および，サッカーで収集された時系列データ分析から，試合戦術を立案するAIシステムについて述べる。

2. 少年剣士フォーム矯正支援システム

(1) システム概観

図6-3に少年剣士フォーム矯正支援システムの概観を示す（文献［2］）。少年剣士に磁気センサやマーカーを付けない状態で，剣道の稽古の様子を3台のデジタルビデオカメラで撮影する。次に，物体（竹刀）・物体追跡処理や画像の特徴量を抽出する。最後に，稽古の評価（例えば，面打ちの良否）付きの数値データセットを作成し，それをマイニングし，マイニングされた知識を剣道コーチが有用性の観点から評価し，評価が悪ければ，データセットを改良し，マイニングを繰りかえす。

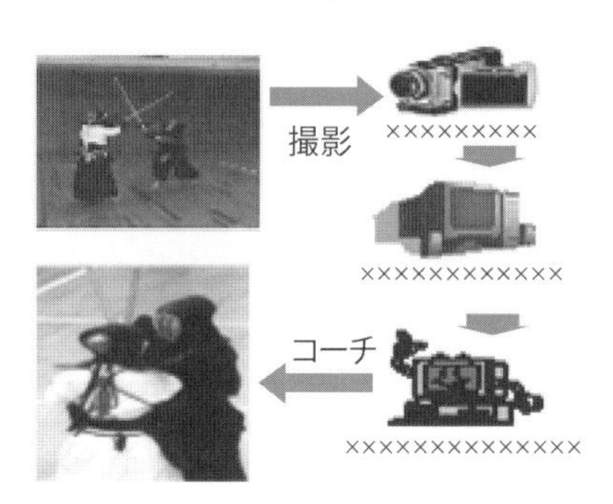

図 6-3　少年剣士フォーム矯正支援システムの概観

(2) データ前処理

映像解析によるデータ収集では，図 6-4 の黒い点で示された追跡個所，すなわち，攻撃側の頭頂，前足（右足），竹刀（しない）の剣先（けんせん），鍔（つば）と防御側の頭頂，前足（右足），竹刀の剣先，鍔の 8 個所を追跡する。ただし，映像追跡では竹刀移動速度に応じて，図 6-5 のように，追跡が成功する場合と失敗する場合に分かれる。

(3) データマイニング

図 6-4 中の(1)から(7)の 7 種類の数値属性を決定木学習に与え，少

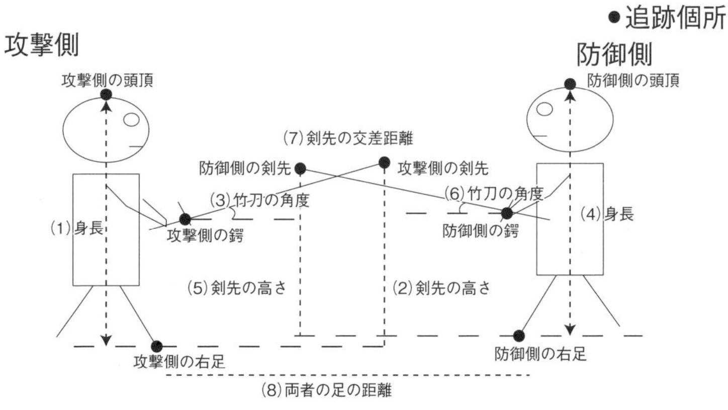

図 6-4　映像追跡箇所

図6-5　移動する竹刀追跡の成（左）否（右）

年剣士の剣先位置をコーチするためのルールを学習させた．学習クラスである剣先位置が良いか悪いかは，専門家（剣道教士七段）によって判定された．26データすべてを訓練データとして学習させたところ，正分類が24データ，誤分類が2データで，正答率は92.31％となり，下記のようなルールが学習された。

[学習されたルール]

IF　防御側竹刀の角度≦17.969°
THEN　良い（8/1）（正答数／誤答数）

IF　防御側竹刀の角度 ＞ 17.969° and
　　剣先の交差距離≦8.308cm
THEN　良い（6/1）

IF　防御側竹刀の角度＞17.969° and
　　剣先の交差距離＞8.308cm
THEN　悪い（10/0）

（4）結果後処理　－専門家による評価－

ルールを学習させた後，「今回コーチングの対象である少年剣士は初心者であるため，剣道の基本概念である一足一刀の間を基にして，剣先が交差した距離を基準として分類することは難しい」という専門家の指摘から，(8)「両者の足の距離（間合い）」という新たな数値属性を追加した。また，専門家が「攻撃側剣先の延長線が相手の両眼の中心であることを基準として，どの程度逸脱しているのか」という点に着目していることを考慮し，「攻撃側剣先と防御側身体中心線の交点位置」という新たな数値属性も追加した。

これら2種類の新規属性を上記の7種類の数値属性に加え，計9種類の数値属性で同様の実験を行い，ルールを学習させたところ，26データすべてが正しく分類され，正答率は100%となり，以下のようなルールが学習された．ここで注目すべきことは，学習されたルールの条件部は，「攻撃側剣先と防御側身体中心線の交点位置」と「両者の足の距離（間合い）」だけから構成され，最初に設定した7属性が含まれていない。このように，有用なルールを学習するためには，新しく考慮されたデータ属性が決め手となり，データ前処理の重要性が確認できたと言える。

[学習されたルール]

IF 交点位置≦138.997cm and
間合い＞173.157cm
THEN 良い（14/0）（正答数／誤答数）

IF 交点位置≦138.997cm and
間合い≦173.157cm
THEN 悪い（1/0）

IF 交点位置＞138.997cm
THEN 悪い（11/0）

3. サッカーデータマイニング

表6-1に示すように，Jリーグ関連組織から，ゲーム日（**表6-1**の数

字は変更されている)，サッカーボールのキープ開始時刻（Time)，キープした選手のAction（キックオフ，パス，パスゲット，トラップ，ファウルなど)，選手の所属チーム名（Team)，選手（Player)，サッカーボールのXY座標値に関する時系列データとゲーム勝敗から，チームの試合戦術立案・勝敗因分析の実行可能性について打診されたことがあった。キープされているボールに関連する諸データはあるが，ボールキープしている選手以外の21人の選手のデータはないことから，試合戦術を立案することなどは，ほとんど不可能だと感じたが，ビジネスではなく実験なので結果は問わないということであったので，サッカーデータ分析を始めることになった（文献［3］)。

まず，データ前処理として，分析目的から考えて，現状データだけではかなり不足しているので，少しでも関連しそうなデータは追加することにし，**図6-6**のように，上述の所与データをミクロデータとし，マクロデータとして天候と風のデータを追加して，勝敗分析するための決

表6-1　サッカー時系列データ

ID	GameDate	SeriesID	Time	Action	Team	Player	X	Y
1	40808	1	19:34:03	KICK OFF	V川崎	20	50	-64
2	40808	1	19:34:03	PASS	V川崎	20	50	-64
2_1	40808	1	19:34:03	PASS GET	V川崎	10	-33	-48
3	40808	1	19:34:03	PASS	V川崎	10	-33	-48
3_1	40808	1	19:34:03	PASS GET	V川崎	2	945	-1236
4	40808	1	19:34:05	TRAP	V川崎	2	945	-1236
5	40808	1	19:34:07	PASS	V川崎	2	996	-1252
5_1	40808	1	19:34:07	PASS GET	V川崎	17	2464	-1252
6	40808	1	19:34:08	TRAP	V川崎	17	2464	-1252
7	40808	1	19:34:09	PASS	V川崎	17	2464	-1252
7_1	40808	1	19:34:09	PASS GET	横浜	3	-996	-2296

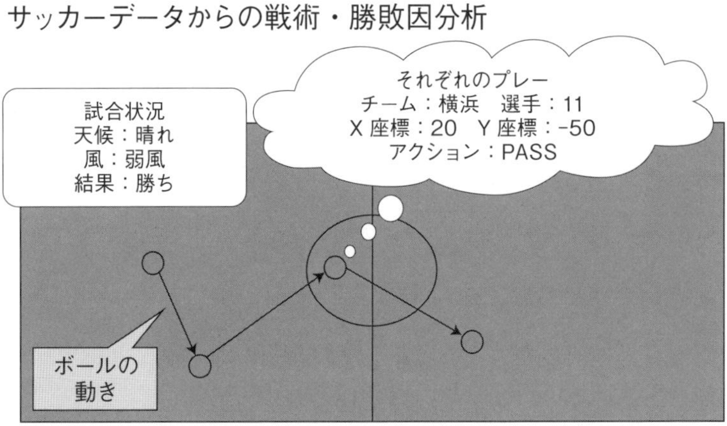

サッカーデータからの戦術・勝敗因分析

図 6-6　サッカーデータマイニング

定木学習を実行した。勝ちにつながるアクションシーケンス，ボール回し，隠れたプレイヤーなどを見つけてくれることを期待したが，なかなかうまくいかない。特に，ボール XY 座標値時系列データ項目のみが数値データで，他のデータ項目が名義値(記号値)なので，数値と記号(言葉)という情報粒度のギャップが，学習を困難にさせている一要因であった。そこで，サッカーの元プロ選手にインタビューできる機会が与えられ，**図 6-7** に示すように，ある一連の Action プレーに対して，X 座標移動距離（横の長さ，lengthX），Y 座標移動距離（縦の長さ，lengthY），一連のプレーに要した時間と方向（duration，dire），ボールタッチ数（touch）など，ミクロ 2 次データとしての新しい特徴量を計算して追加し，**図 6-8** のようなデータセットに対して，再度，相関ルール学習を試みた（本書では扱われなかったが，事象 X が起これば，事象 Y も起こりやすい場合，X と Y には相関（association）があるといい，if X then Y で表現し，相関ルールと呼ぶ）。

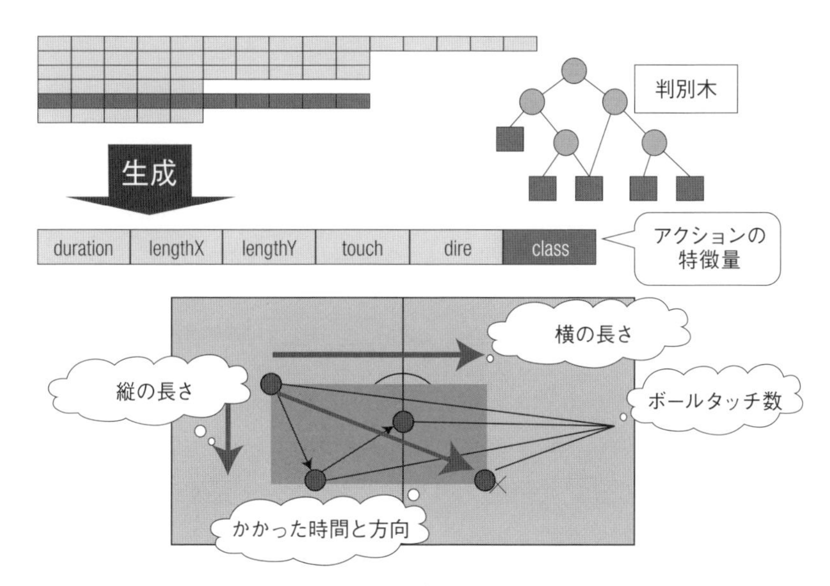

図6-7　一連のActionプレーを表現する特徴量

その結果，**図6-9**のように，165個のルールが学習され，サッカーの元プロ選手に評価してもらったところ，26ルールが興味深い，55ルールが当然，84ルールが無関係と評価された。興味深いルールには，このチームは，左方向のプレーが多いと負けやすいというような勝敗につながる傾向を見出すルールも含まれており，Jリーグのコーチに見せたら，大きな関心が寄せられ，選手達に説明することになったが，選手には歓迎されなかった。「こんなの，自分達のプレースタイルじゃない」と一蹴されたのである。「でも，客観的には，これが勝ちパターンなのですが」と食い下がったが相手にされなかった。

スポーツデータマイニングに限らず，現場では，「主観」と「客観」

マイニングに入力するデータの作成

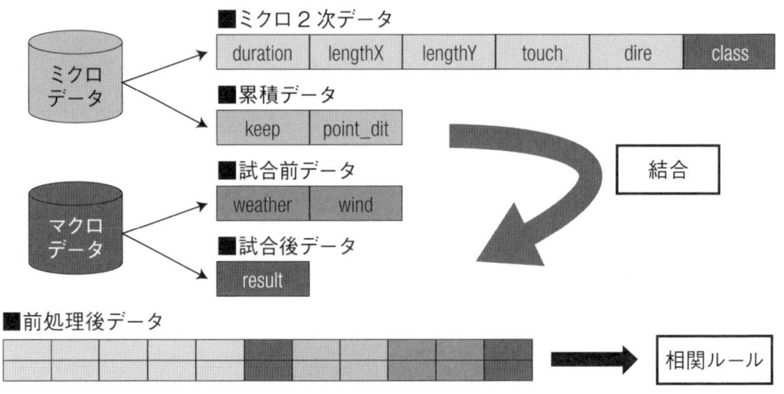

図 6-8　サッカーデータマイニングに与えるデータセット

の対立があり，現場の慣習や業務にデータマイニング結果を擦り合わせないと，主観（担当者の意見）に客観（マイニング結果）が負けてしまい，現場でデータマイニングの結果が利用されないことがしばしば起こる。しかしながら，あまり擦り合わせても，変革できないことも事実であり，経営者が俯瞰して，組織として意思決定する時代になってきているといえる。

得られるルール

学習後のルール：165 ルール

興味深いルール	当然と思われるルール	関連がないと思われるルール
26	55	84
15.7%	33.3%	50.9%

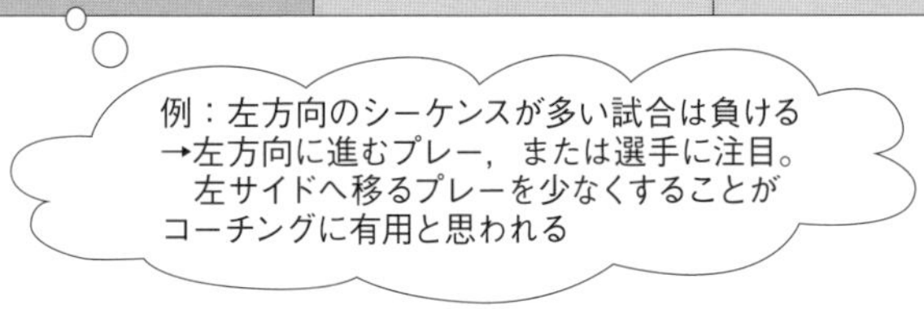

例：左方向のシーケンスが多い試合は負ける
→左方向に進むプレー，または選手に注目。
　左サイドへ移るプレーを少なくすることが
コーチングに有用と思われる

図 6-9　学習された相関ルール

参考文献

[1] マイケル・ルイス（著），中山 宥（翻訳）『マネー・ボール 奇跡のチームをつくった男』（ランダムハウス講談社，2004年）
[2] 山口 高平，杉山 融，杉山 岳弘，佐治 斉『デジタル映像処理とデータマイニングの統合によるスポーツインフォマティクスの試み』（静岡大学情報学研究 8, 33-38, 2002年）
[3] Yuji Watanabe, Atsushi Saito and Takahira Yamaguchi『Soccer Data Mining Based on the Integration of Factor Analysis and Feature Selection』（Second International Conference on Global Research and Education（InterAcademia 2003），vol.2, pp.387-394, 2003年）
[4] 全日本剣道連盟『幼少年剣道指導要領』（全日本剣道連盟，1986年）

演習問題

【問題】

(1) データマイニングはどのような工程から構成され，どの工程に最もコストがかかるとされているか？また，その理由は何か？
(2) マネーボールでは，打者をどのように評価すれば，弱小チームでも戦えるようになると主張されているか？
(3) 少年剣士のフォーム矯正支援では，どのような画像特徴量が有効であったか？
(4) サッカーデータマイニングによりチームの試合戦術を立案する場合，どのような画像特徴量が有効であったか？
(5) (4) の結果は，なぜ，サッカー選手に受け入れられなかったのか？

解答

(1) データマイニングは，データ前処理，マイニング，結果後処理の3工程から構成される。データ前処理は，データの拡充，欠損値・ノイズの対応，数値データの記号化など，人が深く考察する課題が多くあるため，最もコストがかかる工程になっている。

(2) マネーボールでは，３：１の重みで「出塁率」と「長打率」を掛け合わせて合計すれば，打者のチームに対する貢献度を正しく評価でき，弱小チームでも戦えるようになると主張された。

(3) 少年剣士のフォーム矯正支援では,「両者の足の距離(間合い)」と「攻撃側剣先と防御側身体中心線の交点位置」の２種類の画像特徴量が有効であった。

(4) サッカーデータマイニングでは，あるアクションプレーに対して，X 座標移動距離，Y 座標移動距離，一連のプレーに要した時間と方向，ボールタッチ数などの画像特徴量が有効であった。

(5) (4) からの学習結果は，サッカー選手のこれまでのプレースタイルが全く考慮されておらず，受け入れられなかった。

7 自動運転

山口　高平

《目標&ポイント》 本章では，自動運転の出発点であるDARPAグランドチャレンジ，自動運転の仕組みとレベル，米国，中国，日本の研究開発状況，政府レベルの取組みについて述べる。
《キーワード》 DARPAグランドチャレンジ，車の運転3要素「認知」「判断」「操作」，ライダー，SAE自動運転レベル，DMV自動運転解除レポート，道路交通法改正

1. はじめに

自動運転は，世界を変革する最先端技術の一つであり，文献［1］では，2030年代には，世界で1000兆円の市場が生まれる可能性があると予想され，世界で熾烈な競争が繰り広げられている。本章では，自動運転の歴史，その仕組み，各国の取組み状況などについて述べる。

2. DARPAグランドチャレンジ

2003年，米国議会は「2015年までに軍事用地上車両の3分の1を無人化する」という目標を国防省に課したことから，2004年，世界最初の自動運転車競技会である第1回DARPAグランドチャレンジが，モハーヴェ砂漠で開催された。走行総距離150マイル（240 km）で，カーネギー・メロン大学が軍用車両を改造した自動運転車「サンドストーム（図7-1）」が最も長く走行したが，その走行距離はわずか11.78kmであ

り，勝車はなしとなった。

2005年，第2回DARPAグランドチャレンジが同砂漠で実施された。走行コースは，片方が崖となる岩山の曲がりくねった山岳地帯を含むコースに変更され，走行総距離は132マイル（212km）であった。今回初めて5台が完走し，「サンドストーム」の走行時間は7時間5分で2位となり，スタンフォード大学が開発した自動運転車「スタンレー」の走行時間は6時間54分となり優勝した。文献［2］にその詳細がある。なお，このスタンフォード大学のチームリーダーがセバスチャン・スラン（Sebastian Thrun）であり，後年，Googleの自動運転研究を率いていく。

図7-1　サンドストーム

図7-2　アーバン・チャレンジコース

2007年，第3回DARPAグランドチャレンジでは（文献［3］），走行コースを砂漠から市街地に変更し「アーバン・チャレンジ」と呼ばれ，軍の敷地内に市街地を想定して建設された60マイル（96km）のコース（**図7-2**）を6時間以内に完走する競技会となり，カリフォルニア道路交通法を順守し，他の車列や障害物に対応し，車列に合流し，飛び出す歩行者人形との衝突を避けることなども評価された。例えば，「ALL-WAY STOP」という標識があり，これは交差点で一時停止し，交差点に先に到着した車から順に進めという意味であるが，「Knight Rider」という自動運転車はこのストップサインで，立ち往生してしまい，「Knight Rider」の後続自動運転車が，待ちくたびれて，反対車線に入って追い越そうとし，右折車と危うく衝突しそうになった。だが，別の後続自動運転車はスムーズに追い越すことができ，停止車を追い越すためのソフトウェアの優劣が如実に現れたといえる。

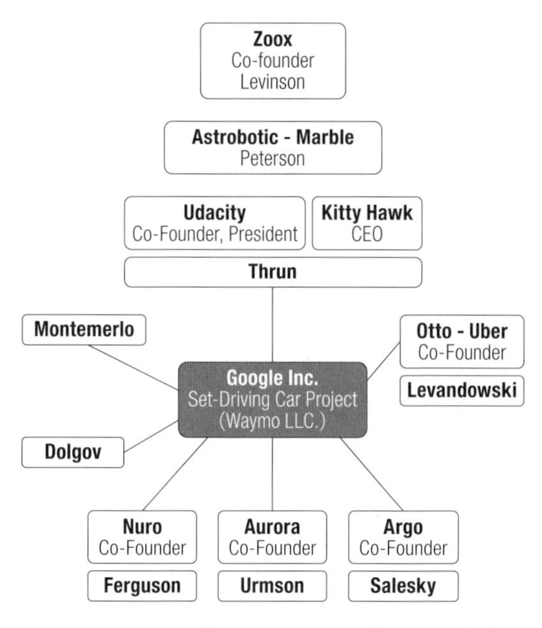

図 7-3　DARPA グランドチャレンジからの起業

アーバン・チャレンジには，世界中から89台が参加し，35台が予選を勝ち抜き，完走車は6台で，評価点で3台が同一となり，カーネギー・メロン大学が開発したBossが，スタンフォード大学が開発したJuniorより走行時間が20分程度短く，優勝した。こうして，自動運転に関わるDARPAグランドチャレンジは一定の役割を終え，これ以降，**図7-3**のように，この競技会を通して育成された研究開発者が起業したスタートアップ（新興企業）間で競争が続いていく。

3. 自動運転の仕組みとレベル

(1) 自動運転の仕組み

車の運転は,「認知」「判断」「操作」の3要素から成立している(文献[4])。「認知」とは,視覚・聴覚により周辺の状況を認識すること(青信号が点滅している,人が横断歩道を渡り始めたなど),「判断」とは,認知結果に基づき,実行すべき運転操作を決定すること(2-3秒後に交差点前で停止する,ハンドルを右に切って右折するなど),「操作」とは,認知結果と判断結果に基づき,具体的な運転操作を実行することである(徐々にブレーキを踏む,ハンドルを少し右に切るなど)。

図7-4 「自動運転の目」ライダー

図7-5 ライダーからの光景

図7-6 自動運転の判断

従って,自動運転とは,「認知」「判断」「操作」の3要素を自動化し連携実行させることであるが,その自動化技術は,自動運転レベルに応じて高度化・複雑化しており,ハードウェアとソフトウェアの双方を含めて,世界レベルで熾烈な競争環境下にある。

「認知」の自動化技術では,

物体検出のための単眼カメラ，距離を計測するステレオカメラ，位置情報を特定するためのGPS，光を飛ばして距離を計測するLiDAR（Light Detection and Ranging または Laser Imaging Detection and Ranging，ライダー）などのセンサーを統合して「認知」機能を実現している。LiDARは，通常のレーダーと比較して検出精度が高く，自動運転の目になると言われ，開発競争は激化している（**図7-4**，**図7-5**）。

「判断」の自動化技術では，認知結果を入力とし，交通法規などに基づく判断はルールベース推論，センシング結果の解釈は，通常のソフトウェア以外に，近年は，ディープラーニングが自動運転のキーにもなると言われ，研究開発競争が熾烈になっている。すなわち，**図7-6**のように，自動運転中，ライダーなどのセンサーが取得する大規模映像の中から，歩行者や他の自動車，走行レーン，白線，信号，標識などを正しく識別し，次の運転操作を決めていかねばならないが，運転速度や進行方向が変わりセンサーの角度が変化し，同一物体でも同一映像とはならないため，ディープラーニングを適用して認識精度を向上させるレベルで競争になっている。

最後に，「操作」の自動化技術では，認知と判断の結果を元に，自動で車の運転を操作することになる。ここで，応答性や信頼性，特に，最近は，外部からのハッキング対策などのセキュリティ対策も重要になってきている。

(2) 自動運転レベル

自動運転レベルについては，米国の非営利団体SAE（Society of Automotive Engineers）による定義が広く普及しており，運転手と自動運転車，双方の運転操作に関する役割分担に応じて，**表7-1**に示すように，レベル0（すべての操作を運転手が担当）からレベル5（すべての操作を車が担当）の6段階に分類されている（文献［5］）。レベル

表 7-1　SAE が定義する自動運転レベル

レベル	概要	安全運転に係る監視，対応主体
運転者がすべてあるいは一部の運転タスクを実施		
レベル 0 自動運転化なし	●運転者がすべての運転タスクを実施	運転者
レベル 1 運転支援	●システムが前後・左右のいずれかの車両制御に係る	運転者
レベル 2 部分運転自動化	●システムが前後・左右の両方の車両制御に係る 運転タスクのサブタスクを実施	運転者
自動運転システムがすべての運転タスクを実施		
レベル 3 条件付運転自動化	●システムがすべての運転タスクを実施（限定領域内*注） ●作業継続が困難な場合の運転者は，システムの介入要求に対して，適切に応答することが期待される	システム （作業継続が困難な場合は運転者）
レベル 4 高度運転自動化	●システムがすべての運転タスクを実施（限定領域内*注） ●作業継続が困難な場合，利用者が応答することは期待されない	システム
レベル 5 完全自動運転	●システムがすべての運転タスクを実施 ●作業継続が困難な場合，利用者が応答することは期待されない	システム

*注　ここで「領域」は，必ずしも地理的な領域に限らず，環境，交通状況，速度，時間的な条件などを含む

1および2は運転支援であり，車がステアリング操作，加減速のどちらか，または両方を支援する。レベル 3 では，限定領域（通常は高速道路）で通常時のすべての運転操作を車が担うが，緊急時は運転手に交代し，レベル 4 では，限定領域であらゆる状況下ですべての運転操作を車が担い，レベル 5 では，あらゆる領域であらゆる状況下ですべての運転操作を車が担う。

4．米国の動向

Google は，2008 年以降，DARPA グランドチャレンジでの貢献者を集め，米国の 25 都市の公道で 1,000 万マイル（1,610 万 km）の走行実験を実施し，親子で一緒に歩く子供と一人で歩く子供の次の行動の差異を予測すると共に，車を追い抜く時，制限速度に固執すると事故を招く

確率があがるので，一時的に制限速度を超えて追い抜くような自動運転ソフトウェアが実装されていると言われている（文献［6］）。

こうしてGoogleからスピンオフした自動運転車開発企業Waymo（ウェイモ）が，2018年12月，アリゾナ州チャンドラー市で，約5マイル（約8km）で約7ドル（約770円）という料金で，有料自動運転タクシーサービス「Waymo One」を開始した（**図7-7**）。しかしながら，センサーが雨粒や雪粒を障害物と認識して走行不能になる問題，日差しが強い状況下ではセンサーの解像度が落ちて信号が認識できない問題，大規模地図データがないため遠方に移動不可能の問題など，課題は山積しているが，Waymoもそれらの課題は認識しており，研究開発は続いている（文献［7］）。

図7-7　Waymo自動運転タクシー

図7-8　Kroger自動運転宅配

また，米国大手スーパーのKrogerは，2018年8月，スタートアップNuroと連携し，アリゾナ州スコッツデール市で，無人の自動運転車による食品宅配サービスを開始した（**図7-8**）（文献［8］）。

米国の自動車企業においては，GM（ゼネラルモーターズ）が自動運転スタートアップであるクルーズ・オートメーションを買収し，2019年にも自動運転タクシー事業を開始する予定であり（最近の報道では延期された)，フォードはアルゴ AI を買収し，レベル 3 を飛ばしてレベル 4 の実用化を 2021 年までに目指している。米国の IT 企業においては，テスラは自社で自動運転開発を進め，アップルは，実証実験走行距離を増やしながら，自動運転関連の特許を多数取得している。米国のスタートアップ企業においては，Nuro, Zoox，Aurora など，**図 7-3** を含む 10 数社程度のスタートアップの激しい競争が展開されるとともに，LiDAR をはじめとするセンサー開発においても同様の厳しい競争が展開されている（文献 [9]）。

以上のように，米国の自動運転については，2030 年代の大きな市場を睨んで，大手・新興 IT 企業，車メーカー間で，M&A を含めて，熾烈な競争が展開されているといえる。

5. 中国の動向

中国の自動運転については，政府の支援を得ながら，大手・新興 IT 企業中心に研究開発が急速に進められており，米国を追従する状況になっている。以下，3 社の IT 企業の取組みについて述べる。

(1) 百度のアポロ計画

百度（バイドゥ）がリードする，自動運転ソフトウェアプラットフォーム「アポロ」をオープンソース化するプロジェクト「アポロ計画」は，2017 年 4 月の発表以降，多くの企業が参加を表明し，2018 年 7 月，具体的に活動が開始された。アポロ計画に参加すると，HD（High Definition）マップと呼ばれる高精度地図サービス，自動運転シミュレーション，ディープラーニングアルゴリズムなどを共有でき，開発サイクルを早めることができる。アポロは短期間にバージョンが更新され，2019 年 1 月時点でアポロ 3.5 がリリースされている。

2019年1月までに，中国国内の第一汽車（中国語「汽車」は，日本語「自動車」を意味する），北京汽車，長安汽車，東風汽車，長城汽車，奇瑞汽車，江淮汽車，フォルクスワーゲンの中国法人をはじめ，独BMWやダイムラー，日本のホンダ，スウェーデンのボルボ，米フォード，韓国の現代，英ジャガーランドローバーなどの海外自動車メーカーや，独ボッシュ，コンチネンタル，ZF，仏ヴァレオ，米エヌビディア，マイクロソフト，インテル，ベロダインライダーといった部品大手や自動運転開発関連企業など，130の企業や研究機関などが参加している（文献 [10]）。

プラットフォームをオープンソースにする理由は，例えば，グーグルのスマートフォン向けOS「Android」がモバイル向けオープンソースプラットフォームとして普及しているが，これは，Androidを基盤とするアプリケーションの開発を通して，Android端末のシェアが拡大されるという効果を狙っているといえる。百度も，自動運転ソフトウェア基盤としてアポロの普及拡大を図り，多くの自動運転ソフトウェアアプリケーションがアポロ上で開発されることを通して，アポロのシェアが拡大されていくことを狙っているのかもしれない。

(2) Roadstar.ai

Roadstar.aiは，2017年5月，深圳に設立されたスタートアップである。創業者の1人Xianqiao Ton氏は，百度の自動運転車プロジェクトに携わった経験があり，それ以前は，アップルやエヌビディアなどでソフトウェアエンジニアとして働いていた。

Roadstar.aiの自動運転ソフトウェアAries（アリエス）は，従来困難とされてきた，雨天や夜間の自動運転を誤差5センチで可能にするといわれ，Roadstar.aiの自動運転技術は高く評価されている。

2018年7月，チャイナ・デイリーによれば，Roadstar.aiは2020年までに1,000台以上の電動自動運転車の生産計画を発表し，国内だけでなく，北米，欧州，日本などに事業拡大する計画も立てているという。また，自動運転車を活用した配車サービスの展開も考えており，今後中国配車サービス最大手 Didi（ディディ）との提携可能性も示唆している。すでに生活関連オンラインサービスの Meituan（メイチュアン）と提携し，自動運転車によるデリバリーサービスの開発を進めている（文献［11］）。

(3) Pony.ai

Pony.ai は，百度出身の James Peng（彭軍）と Tiancheng Lou（楼天城）の両氏が，2016 年 11 月にカリフォルニアで設立された（現在は，広東省にも拠点）レベル 4 の開発を目指したスタートアップである。

Pony.ai は，2018 年 1 月，広州市南沙区で自動運転車の走行試験を開始し，一般市民を乗せた試験走行も実施している。2019 年末に，レベル 4 相当の開発車両の商用化を目指し，配車サービスを始めていく計画とされている（文献［11］）。

6. 日本の動向

日本の自動運転については，車メーカーと大手・新興 IT 企業により進められている。以下，新興 IT 企業 ZMP の取組みを紹介する（文献［12］）。

図 7-9　ZMP と日の丸交通による有料自動運転タクシー

ZMP が開発した自動運転車両「RoboCar MiniVan」を利用して，タクシー大手の日の丸交通は，2018 年 8 月 27 日～9 月 8 日，コースは大手町～六本木の約5.3km，料金は片道1500円で，有料自動運転タクシーの営業実証実験を実施した。

車両はレベル3相当で，運転手が運転席に，技術担当オペレータが助手席にそれぞれ乗車したが，車線変更や右左折，停止などの操作は自動が基本である。

スマートフォンによる予約，乗車，決済という体験を通し，ユーザーに自動運転タクシーの商用サービスの現実的な利用イメージを広く持ってもらうことを目的として実施され，両社は2020年の実用化を目指す。文献［13］には，この有料自動運転タクシーの乗車体験談が報告されている。右折レーンで右折する時,左側から近づいてきた別の車を感知し，自動的に急ブレーキがかかり停止しようとしたが，後続車がクラクションを鳴らしたため，運転手が慌ててアクセルを踏み，強制的に右折した。自動運転タクシーは，複数のカメラやセンサーで周囲の車の速度や距離を測定しながら，ハンドルやブレーキを制御するが，車間距離が近すぎたり前方車が割り込むと，自動的にブレーキがかかる仕組みになっており，安全のため必要な仕組みであるが，過敏すぎると周囲の車の流れを妨げる気がしたと報告されている。人なら，柔らかく操作できる場合でも，自動運転車は，急ブレーキや急ハンドルになり，挙動はぎこちなく，若葉マークレベルのスキルとされたが，今後の改善が期待される。

7. 自動運転に対する政府の取組み

(1) カリフォルニア州DMV自動運転解除レポート

カリフォルニア州DMV（Department of Motor Vehicles. 陸運局）は，2015年以降，自動運転車解除レポートを公表している。**図7-10**に2018年の自動運転車の解除平均距離（自動運転から人に交代するまで

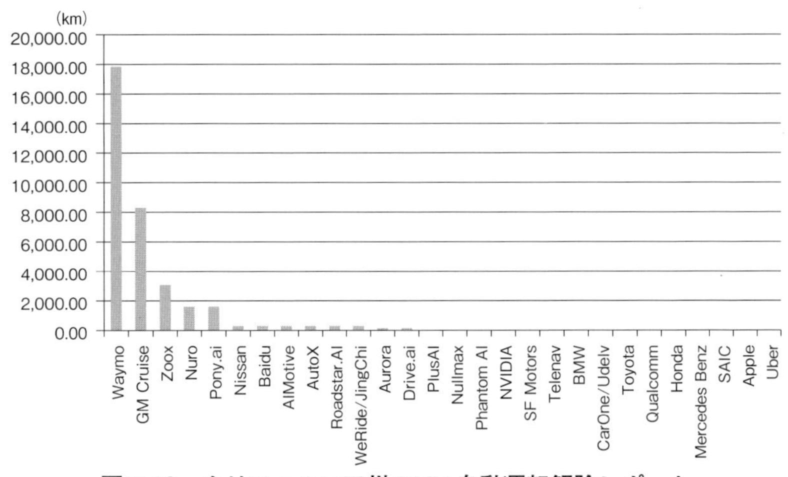

図 7-10　カリフォルニア州 DMV 自動運転解除レポート

の平均距離）を示すが，Waymo が最も優れており 17,847km，2 位が GM クルーズで約 8,328km，3 位が Zoox で 3,076km，4 位が Nuro で 1,645km，5 位が Pony.ai で 1,636km であった。4 位までが米国で，5 位に中国が入っている。なお，日本の日産が 337km で 6 位に入っている（文献[14][15]）。

ただし，走行実験の詳細は，各社に委ねられており，走行コース，解除条件，報告内容の詳細もまちまちである。例えば，Apple は極端に解除回数が多いが，解除理由については，「手動切り替え」や「制御」とだけ簡潔に記載されており，実際は，様々な実験を実施した結果であろうと推測されている。その一方で Zoox は，「予測の相違，車両が位置する交差点についてシステムが誤った軌道を示した」など，解除理由を詳細に報告している。

以上の状況から，DMV 解除レポートだけで，自動運転の優劣を決める事はできないという意見もあるが，大よその傾向は見て取れるといえる。

道路交通法改正案のポイント	
可能だが，緊急時に運転できることが前提	○
・スマートフォン，携帯電話を手に持って通話やメール送受信	
・車載テレビでニュース番組を見る	
明確に禁止されてはいないが，事故時などに安全運転義務違反に問われる可能性	△
・弁当を食べる	
・パソコンで仕事の資料を作成	
禁止	×
・睡眠	
・飲酒	

図7-11　道路交通法改正案

(2) 法律と自動運転車

2019年3月現在，道路交通法は運転中のスマートフォン操作やカーナビゲーションの画面注視を禁じている。日本政府は，2020年夏のレベル3実用化に合わせて道路交通法の改正を目指しており，改正後は，自動運転車において，緊急時に手動運転に交代できることを前提にして，スマートフォン操作などの「ながら運転」が容認されることになる（文献［16］）。ただし，**図7-11**に示すように，運転手には，これまでと同様，交通ルールを守る「安全運転義務」は課せられ，飲酒は禁止である。睡眠・飲食・読書は明確な法律上の規定はないが，警察庁は「睡眠は認められない」とする。飲食などはグレーゾーンで，事故が起これば，運転手の安全運転義務違反が問われる可能性がある。事故発生時，操作ミスなのか，システム不具合なのかが調査される。改正案では，車両に備えた装置により，作動データを記録・保存することが義務付けられた。整備不良が疑われる時は，警察に全データを提供する必要が出てくる。

今回の改正により，2020年にはレベル3の自動運転での公道走行が可能になるが，レベル 4，レベル 5 の実用化には，さらに法改正が必要になる。

また，道路交通法の改正と合わせて，自動運転の法整備で道路交通法の両輪とされる道路運送車両法の改正案も閣議決定された。同法は自動車の安全基準などを定めるが，自動運転を想定していないため，整備やリコール（回収・修理）などで自動運転を踏まえた仕組みに改める必要があった。その例が，ソフトウェアの配信による自動車の性能変更である。今回の改正案では性能に影響するプログラム変更について，配信内容の安全性を国が事前にチェックする仕組みを盛り込んだ。また自動運転車の走行を認める道路環境や制限速度といった条件を車種ごとに設定する。

2019 年 3 月までに，米国における自動運転による死亡事故は，テスラ自動運転車が 3 回（2016 年 5 月 7 日，2018 年 3 月 18 日，2019 年 3 月 2 日），ウーバー自動運転車が 1 回（2018 年 3 月 18 日）引き起こしている（文献［17］［18］）。文献［19］では，ウーバー自動運転車事故の様子を撮影した動画がアップされている。2016 年のテスラ自動運転車の死亡事故は，日差しが強くて白い大型トレーラーを認識できず，助手席の運転手が死亡した事故であったため，歩行者を死亡させた事故は，2018 年のウーバー自動運転車が世界初である。この死亡事故では，夜間，助手席に乗車していた運転手がスマホに気をとられ，自転車を押して車道を渡っている歩行者を時速 64km ではねて死亡させ，死亡者の遺族とウーバーは和解をしたが，これ以降，米国では，自動運転の安全性が厳しく問われている。文献［20］では，小林弁護士が，自動運転の法整備，自動運転で事故が発生したときの責任の決め方や保険の仕組みなど，自動運転に関わる諸課題を整理している。

8. まとめ

現在，自動車業界では，CASE（Connected：車の接続，Autonomous：自動運転，Shared & Service: シェアリングとサービス化，Electric：電動化の頭文字を組み合わせた造語。ケース），車を所有する時代から借りる時代を意味するMaaS（Mobility as a Service. マース）などの新しいキーワードが登場し，自動車産業は100年に一度の大改革時代に突入したと言われている。本章で見てきたように，米国，中国，欧州，日本の車ベンダー，大手IT企業，新興IT企業が世界レベルで熾烈な競争を繰り広げており，どのように収束していくのか予断を許さない状況である。

参考文献

[1] 2030年初頭で世界1000兆円超自動運転タクシーの衝撃，日経クロストレンド（2019年2月），https://trend.nikkeibp.co.jp/atcl/contents/watch/00013/00225/

[2] Sebastian Thrun, Mike Montemerlo,Hendrik Dahlkamp, David Stavens,Andrei Aron, James Diebel, Philip Fong, John Gale, Morgan Halpenny,Gabriel Hoffmann, Kenny Lau, Celia Oakley,Mark Palatucci, Vaughan Pratt, Pascal Stang, Sven Strohband, Cedric Dupont, Lars-Erik Jendrossek, Christian Koelen, Charles Markey, Carlo Rummel, Joe van Niekerk, Eric Jensen, Philippe Alessandrini,Gary Bradski, Bob Davies, Scott Ettinger, Adrian Kaehler, and Ara Nefian, Pamela Mahoney: Stanley: The Robot that Won the DARPA Grand Challenge, Journal of Field Robotics 23（9），661-692（2006年）
http://robots.stanford.edu/papers/thrun.stanley05.pdf

[3] Urban Challenge現地レポート:米国の無人ロボット車レース－優勝はカーネギー・メロン大学，Robot Watch（2009年4月）
https://robot.watch.impress.co.jp/cda/news/2007/11/08/733.html

[4] Autonomous Driving（自動運転）を実現する技術，ZMP

https://www.zmp.co.jp/knowledge/ad_top/dev/tech
[5]『自動運転車の安全技術ガイドライン，国土交通省自動車局』（2018 年 9 月）
http://www.mlit.go.jp/common/001253665.pdf
[6] ウェイモ , wikiwand https://www.wikiwand.com/ja/ ウェイモ
[7]『ウェイモが開始した「自動運転タクシー」サーヴィス，その厳しい現実が見えてきた』（WIRED，2018 年 12 月）
https://wired.jp/2018/12/25/waymo-self-driving-taxi-service-arizona/
[8]『大手スーパーの Kroger，無人の自動運転車による宅配サービスをアリゾナ州で開始』（CNET JAPAN，2018 年 12 月）
https://japan.cnet.com/article/35130448/
[9]『自動運転×アメリカ」の最新動向を解説　メーカーや IT 系の開発進捗は？』（自動運転 LAB，2019 年 1 月）
https://jidounten-lab.com/u_autonomous-america-matome
[10]『中国･百度（Baidu）の自動運転戦略まとめ アポロ計画を推進 , 自動運転 LAB』（2019 年 2 月）
https://jidounten-lab.com/u_baidu-matome
[11] バイドゥ , テンセントなど IT 大手に食らいつく , 中国の有力自動運転スタートアップ , AMP（2018 年 12 月）
https://amp.review/2018/12/05/self-drive/
[12]『世界初，自動運転タクシーによる営業走行開始　ZMP と日の丸交通』（Response，2018 年 8 月）
https://response.jp/article/2018/08/27/313370.html
[13]『自動運転タクシー 乗ってみた 乗り心地に課題も安全実感』（日本経済新聞，2018 年 9 月 4 日）
https://www.nikkei.com/article/DGXMZO34931360T00C18A9X13000/
[14] UPDATE：Disengagement Reports 2018 – Final Results, The Last Driver License Holder…（2019 年 2 月）
https://thelastdriverlicenseholder.com/2019/02/13/update-disengagement-reports-2018-final-results/
[15]『1 マイルあたりの自動運転解除数，最小はアルファベット傘下の Waymo-- カリフォルニア州が情報公開』（CNET JAPAN，2019 年 2 月）
https://japan.cnet.com/article/35132697/

[16]『自動運転ルールを閣議決定「スマホ見ながら」容認』(日本経済新聞, 2019年3月8日)
https://www.nikkei.com/article/DGXMZO42181520X00C19A3MM0000/
[17]『【最新版】自動運転の事故まとめ　ウーバーやテスラが起こした死亡事故の事例を解説』(自動運転LAB, 2018年4月)
https://jidounten-lab.com/y_1615
[18]『事故後も止まらない自動運転。米国家機関がフロリダで起きたTesla Model 3の死亡事故を取り調べへ』(GIZMOOD, 2019年3月)
https://www.gizmodo.jp/2019/03/fatal-tesla-model-3-crash-in-florida-prompts-investigation.html
[19]『How a Self-Driving Uber Killed a Pedestrian in Arizona, The New York Times』(2018年3月)
https://www.nytimes.com/interactive/2018/03/20/us/self-driving-uber-pedestrian-killed.html
[20] 小林正啓『自動運転車の実現に向けた法制度上の課題』(情報管理 Vol.60, No.4, pp.240-250, 2017年)
https://www.jstage.jst.go.jp/article/johokanri/60/4/60_240/_pdf/-char/ja

演習問題

【問題】

(1) 第3回DARPAグランドチャレンジは，過去2回のグランドチャレンジと比べて，大きく変化した点は何か？また，2つの大学チームが優勝を争ったが，どのような結果であったか？
(2) 自動運転の「判断」とはどのような処理で，その自動化では，どのような技術が利用されているか？
(3) 自動運転レベル3と4と5の差異を述べよ。
(4) 2018年12月，米国で開始された有料自動運転タクシーWaymo Oneに実装されているソフトウェアの特色と課題を述べよ。
(5) カリフォルニア州DMVからの自動運転解除レポートから，国家間競争について述べよ。

解答

(1) 過去2回のDARPAグランドチャレンジは砂漠で実施されたが，第3回DARPAグランドチャレンジでは，市街地で実施され，道路交通法を順守し，障害物対応，車列合流などの点も評価された。カーネギーメロン大学が開発したBossとスタンフォード大学が開発したJuniorが優勝を争い，Bossが20分早くJuniorに先行し，優勝した。

(2) 車の運転の「判断」とは，認知結果を入力とし，実行すべき運転操作を決定することである。この自動化では，交通法規に基づく判断はルールベース推論，センシング結果の解釈は，通常のソフトウェア以外に，近年は，ディープラーニングによる高度化が図られている。

(3) 自動運転のレベル3は，限定領域（通常は高速道路）で通常時のすべての運転操作は車が担い，緊急時に運転手に交代する。レベル4は，限定領域であらゆる状況下ですべての運転操作を車が担う。レベル5は，あらゆる領域であらゆる状況下ですべての運転操作を車が担う。

(4) Waymo Oneに実装されているソフトウェアは，米国の25都市の公道1,000マイルでの走行実験実施後に開発され，歩行者の行動特性を把握し，一時的に制限速度を超えて車を追い抜くなどの機能が実装されている。しかしながら，雨粒や雪粒を障害物と誤認したり，日差しが強い状況下では信号が認識できなかったり，大規模地図データが不備のため遠距離移動はできないなどの課題も山積している。

(5) カリフォルニア州陸運局DMVからの2018年自動運転解除レポートでは，自動運転車の解除平均距離のランキングが公表されており，1位がWaymoで17,847kmであった。トップ10には，米国5社と中国3社が含まれ，両国がリードしている状況にある。

8 ロボット飲食店

山口　高平

《目標＆ポイント》 本章では，ロボット飲食店の実用化の失敗例と成功例について述べ，現状では，単一タスクに限定し，機能要求とロボット性能を擦り合わせることが重要であることを述べる。また，5年後には街でよく見かけるようになると思われる，マルチタスクマルチロボット飲食店の研究についても紹介する。

《キーワード》 3回のロボットブーム，中国のロボットレストラン，接客するPepper，マルチタスクマルチロボット飲食店

1．サービスロボットの現状

ロボット（robot）は，人工知能と同様，様々な定義が成されているが，「人の代わりに何かしらの作業を自律的に行う機械」という定義が比較的広く受け入れられており，また人工知能と同様，ブームと停滞期が繰り返され，我が国では，現在，第3次ロボットブームを迎えていると言われている。

第1次ロボットブームは1980年代であり，多くの産業用ロボットが製造され，工場に広く普及した。第2次ロボットブームは2000年前後から始まり，ホンダの二足歩行人型ロボット ASIMO とソニーのペット型ロボット AIBO に注目が集まり，産業用ロボットから民生用ロボットに関心が移行し，2005年の愛知万博では，65種類のプロトタイプロボットが展示され人気を博し，家庭や仕事現場にサービスロボットが普及していくことが期待されたが，サービスロボットの商品化には，人と

のスムーズなインタラクションの実現という大きな壁があり，2008年のリーマンショック後，第2次ロボットブームは沈静化した。

このような変遷を経て，文献［1］に示すように2015年政府はロボット新戦略を発表し，①世界のロボットイノベーション拠点－ロボット総出力の抜本的強化（産官学連携，国際連携，人材育成など），②世界一のロボット利活用社会－ショーケース（あらゆる分野でのロボット利活用促進），③世界をリードするロボット新時代への戦略（ロボット利用規約の策定など）に関する施策を進めていくと宣言し，特に，「ものづくり」「サービス」「介護・医療」「インフラ・建設・災害対応」「農林水産・食品産業」の5分野を重視している。また，2014年6月ソフトバンクが販売した大型人型ロボットPepperが大きな関心を集めた結果，2015年頃より第3次AIブームとも関連し，第3次ロボットブームが到来したと言われている。Pepperは2万台以上販売されたと言われているが，文献［2］では，2018年Pepperのソフトウェア更新時期を迎えた企業が更新せず，Pepperを利用し続けるケースは少なくなったと報告され，ロボットビジネスの困難さが再浮上している。掃除ロボット，癒しアザラシ型ロボットPAROなど，成功したロボットビジネスも見られるが，あらゆる分野でロボットが利活用される道のりは遠いと言える。

2. ロボット飲食店の実用化例

本節では，実用化されたロボット飲食店について見てみよう。

(1) 中国のロボットレストラン

図8-1に，2012年6月，中国・黒竜江省のハルビン市に，ロボットレストランが3店オープンした。このロボットレストランでは，水餃子ゆで係，麺類ゆで係，料理炒め係，料理配膳係，　接客係など，約20体

のロボットが連携し，調理や配膳補助などは人間のスタッフが担当し，人とロボットの協働によるレストランであり，非常に先進的な試みと思えた。ロボットは人型で，身長130～160cm，10種類以上の表情をくるくると変え，簡単な中国語の会話も可能であり，大勢の客が押し寄せたそうである（文献［3］）。しかしながら，文献［4］によれば，ロボットは客寄せには貢献できたが，スープや他の食べ物を安定して運べず頻繁に故障するなど，ロボットのスキルは限定され，注文を受けることができないなど，多くの問題や不満があがり，結局，すべてのロボットは解雇され，利用されなくなった。店のロボットへの機能要求とロボット性能のギャップが大きく，閉店に追い込まれたといえるが，機能要求とロボット性能の擦り合わせが重要であることを示したといえる。

図 8-1　中国のロボットレストラン

(2) はま寿司の Pepper

1節で，Pepperをビジネスにうまく利用できないことから，Pepper利用者は減少しており，ロボットビジネスの困難さを指摘したが，はま寿司では，入店受付・席案内をするPepperの活用法を検討し続け，現在，約500店舗で活用されている，数少ないPepper活用成功事例である。

文献［5］にその導入過程が述べられているが，接客機能要求とロボット性能の擦り合わせが根気よく実施された成果で

図 8-2　はま寿司の接客Pepper

あることが分かる。

例えば，開店時，Pepperがお客さんに挨拶する時，手を大きく挙げて挨拶させたところ，その動作の繰り返しにより，関節部分に大きな負荷がかかった結果，Pepperは1時間半で停止してしまうので，その後，小さな動作で挨拶するように変更したそうである。このようにPDCAサイクルを回して，接客機能要求とPepper性能を根気よく擦り合わせる姿勢が重要であるといえる。

一方，発券番号を呼んだにもかかわらず，その発券番号の客が席を離れていて返事がなかった場合，どのようにPepperが対応すべきかを検討したそうであるが，「いらっしゃいませんねー？，では，次の～番の方どうぞ」とPepperに発言させ，機械的に席を離れた客を飛ばすことにしたそうである。当初，このような機械的な対応は，クレームになるのではないかと心配したそうであるが，ロボットだから仕方ないということでクレームはなかったそうである。ここに，人とロボットのインタラクションにおけるユーザーエクスペリエンス（UX：user experience）のヒントがあるといえる。

はま寿司では，Pepperの受付業務代行により，受付近辺の混雑が解消するという大きな効果を生んだ。一方，Pepperで受付業務を自動化したことで，Pepperが故障した場合，新人スタッフが受付業務を経験したことがないので，対応できないという課題も見えてきたとしている。人とロボットの協働の在り方を考える上で参考になるといえる。

3. 異機能ロボット連携によるロボット喫茶店

慶応義塾大学理工学部では，2014年より異機能ロボット連携によるロボット喫茶店（以下，マルチロボット喫茶店）の実装と評価を続けている。

(1) マルチロボット喫茶店レイアウト

図8-3に，マルチロボット喫茶店のレイアウトを示す。本喫茶店では，入口，四人掛けのテーブル，二人掛けのテーブル，調理場，食器棚を**図8-3**のように配置している。ロボットは，Pepper(接客係)，ロボットアーム JACO^2（ソフトドリンク準備係），HSR（ソフトドリンク運搬・片付け係）の3台である。

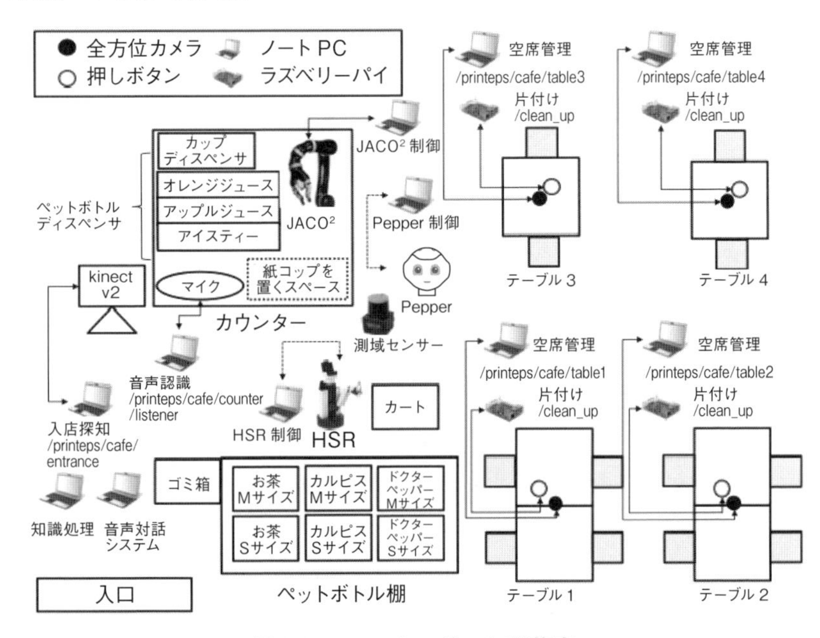

図8-3　マルチロボット喫茶店

図8-3の左下の入口前方には1台，Kinect v2を配置し，主に入店人数の把握や入店検知に用いた。カウンターにはマイクを設置し，注文時の音声認識に用いた。カウンターには，3台のペットボトルディスペンサと1台のカップディスペンサを配置し，オレンジジュース，アップル

ジュース，アイスティー，ミックスジュースを用意できるようにした。各テーブルには，全方位カメラを設置し，座席に座っている人を検知することにより，空席状況を把握できるようにした。また，各テーブルには押しボタンを用意し，ボタンが押された際に，HSR がテーブルまで移動し，顧客が手渡しで空のペットボトルを HSR に渡すことにより，ペットボトルを片づけられるようにした。ペットボトル棚には，ドクターペッパー（炭酸飲料），カルピス，お茶を S サイズと M サイズに分けて**図 8-3** に示すように配置した。

Pepper は，注文時の対話や座席案内に用いた。Pepper には，測域センサを搭載し，走行時に自己位置を推定できるようにした。HSR は，注文内容に応じて，ペットボトル棚からペットボトルを掴み，複数の注文があった場合には，カートを利用し，そうでない場合には，直接，テーブルにペットボトルを運搬した。$JACO^2$ は，注文内容に応じて，カップディスペンサから紙コップを取り出し，対応するペットボトルディスペンサに紙コップをセットし，注文されたサイズに応じた時間レバーを引いて，顧客に飲み物を提供した。ミックスジュースが注文された場合には，オレンジジュースとアップルジュースを半分ずつ注いだ。

Kinect v2，全方位カメラ，各種ロボットには，制御用のノート PC が有線（**図 8-3** の実線）または無線（**図 8-3** の点線）で接続されている。各テーブルに設置した押しボタンはラズベリーパイに接続されている。さらに，PRINTEPS ワークフローエディタで作成したワークフローの実行と知識推論のために知識処理用ノート PC を 1 台，音声対話システム用にノート PC を 1 台，利用した。

(2) マルチロボット喫茶店システム構成

ロボット喫茶店は，入店時挨拶，座席案内，注文，飲み物の用意と運搬，会計，見送りのサービス群から構成される。以下では，各要素知能

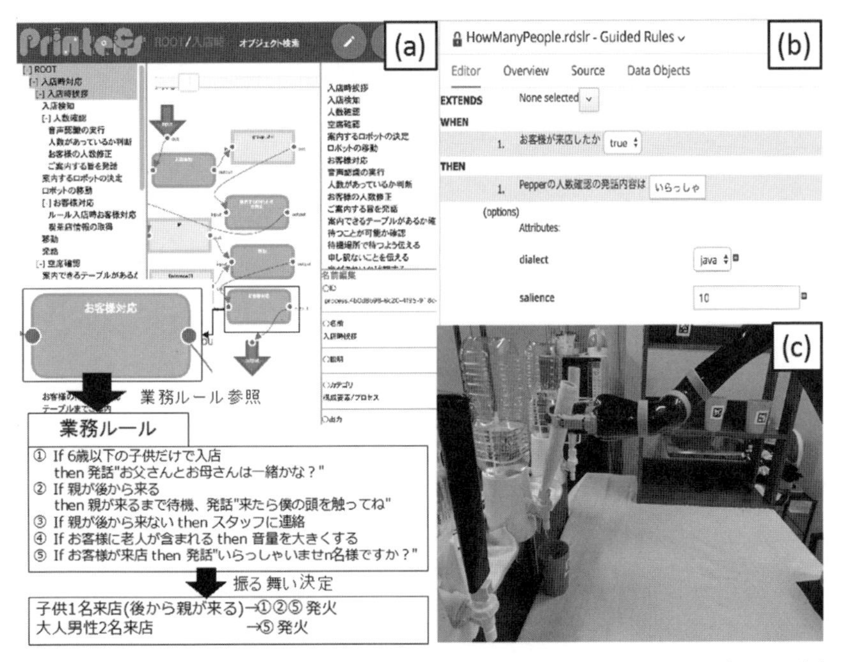

図 8-4 (a) ロボット喫茶店の業務手順を記載したワークフローエディタ, (b) 業務ルールマネジメントシステム Drools, (c) ロボットアームによるコップへのジュース注入動作

がどのようにサービスを実現するために用いられているかについて述べる（文献 [6]）。**図 8-4** に，ロボット喫茶店のワークフロー（**図 8-4** (a)），業務ルール（**図 8-4** (b)），ロボットアーム JACO^2 によるペットボトルからカップへのソフトドリンク注入（**図 8-4** (c)）の様子を示す。

①知識ベース推論

知識ベース推論は，ワークフロー，ビジネスルール，オントロジーを用いて，ロボット喫茶店における状態の管理やロボットの振舞いを制御する。入店時挨拶と座席案内においては，画像センシングにより得られた客の人数や各客の属性情報からグループ推定を実行し，Kinectのセンシング結果とストリーム推論（時系列（ストリーム）データを，来店客数などの記号に対応付け，ルールによる推論を実行すること）を用いて入店・退店・退席・空席を検知している。さらに，ビジネスルールを用いて，喫茶店オーナの要望を反映したグループごとの接客を行うことを可能としている。注文時においては，ロボット喫茶店におけるメニュー情報（材料，カロリー，金額など）をオントロジーとそのインスタンスとして定義し，音声対話モジュールにその情報を提供し，注文されたメニューから必要な食器や調理手順を生成し，動作計画モジュールを呼び出すなどの処理を行っている。ロボット喫茶店における知識ベース推論の詳細については，文献［6］を参照いただきたい。

②音声対話

音声対話では，主にPepperとたまご型マイクアレーを用いて注文対応を行う。現在，メニューとして，S，M，Lサイズのコーヒー，ミルク，オレンジジュース，カフェオレを用意しており，客がさまざまな表現方法により，これらのメニューを注文した際に，適切に，メニュー名，サイズ，個数を取得し，ROS（Robot Operating System. ロボットを実行させる代表的なミドルウェア）のメッセージ型に変換し，多粒度ブラックボードに保存することを実現している。また，知識ベース推論モジュールと連携し，客のグループや属性に応じたメニューの推薦なども可能としている。

③画像センシング

画像センシングでは，主に入口とテーブルのセンシングをKinect v2を用いて行っている。OKAO® Visionを用いて人の年齢，性別，表情を推定し，入店客とKinect v2までの距離データを取得し，知識ベース推論モジュールと連携して入店検知を実行し，テーブル上の物品や飲食行動を認識している。

④動作計画

動作計画では，環境地図を用いたPepperやHSRのロボット喫茶店環境内での移動，JACO^{2}を用いた飲料準備，HSRを用いた飲料の配膳などを実行している。入口，二人掛けテーブル，四人掛けテーブル，調理場，待機場所など，環境地図上の場所概念をオントロジーとそのイン

図 8-5　マルチロボット喫茶店の様子

スタンスとして定義し，マルチ知識ベースエディタ上で，指定の場所に移動できる。また，JACO^{2}は，食器棚の中から指定されたサイズのカップを取得し，注文されたメニューに応じて，ペットボトルディスペンサの前にカップを置き，ディスペンサのレバーをサイズに応じた時間分引いて，トレイ上の指定の場所にカップを配置することを実現している。

(3) マルチロボット喫茶店のサービス品質評価と顧客満足度との関係分析

文献［6］に示すように，マルチロボット喫茶店に対する顧客評価についてアンケートを実施し，その調査データにベイジアンネットワークを適用し，サービス品質と顧客満足度との関係を調査した。

アンケート項目は，ロボット喫茶店のサービス品質評価項目，顧客満足度評価項目，再利用意向・他者推奨意向項目から成る。

サービス品質とは，マーケティングの分野で研究が進められており，パラスラマン（A. Prasuraman）らによって提案されたサービス品質測定法SERVQUALを用いる。SERVQUALでは，信頼性，反応性，確実性，共感性，有形性という5次元評価項目群を利用する。「信頼性」は約束したサービスについて正確に実行する能力，「反応性」はサービスを実施する上での従業員のやる気と迅速性，「確実性」は従業員の知識や礼儀正しさ，信頼感と安心感を生む能力，「共感性」は企業が示す顧客への個人的な配慮と世話，「有形性」はサービス提供側の施設，設備，従業員の服装などを表す。これらの5次元評価項目をロボット喫茶店サービス品質評価項目に具体化した。さらに，ロボットとの対話やロボットの動きを見て楽しむ人が多いことから，新たに「ロボットのインタラクティブ（対話）性」，「ロボットのエンターテイメント性」を評価する項目を追加し，ロボット喫茶店に対する総合満足度，再利用意向（もう一度，来店したいと思うか？）・他者推奨意向項目（他人に勧めようと思うか？）を問う項目も追加した。この結果，SERVQUALに基づくサービス品質評価11項目，インタラクティブ性2項目，エンターテイメント性8項目，顧客満足度関連4項目，合計25項目となった。**表8-1**にその評価項目の一部を示す。

アンケート調査は，2017年10月7-8日，慶応義塾大学理工学部第18回矢上祭のロボット喫茶店来店者に対して実施された。各来店者に対して，サービス終了後，アンケート用紙を配布し，回答依頼を行い，その場で回収を行った。有効回答数は95部であった。回答者属性については，性別（男性49.5%，女性50.5%），年齢（10歳未満11.7%，10代14.9%，20代17%，30代14.9%，40代24.5%，50代17%），同行者（1人2.1%，友人22.3%，家族75.5%）であった。子供連れの家族の来店者が多いことが分かる。

表 8-1　評価項目（一部）

(a) SERVQUAL に基づくサービス品質評価項目（一部）

項目（評価尺度：7段階《1：全くそう思わない～7：非常にそう思う》）	種類
ロボット喫茶店は，安心して利用できる。	確実性
ロボットの行動は，あなたに対して信頼感を与えている。	確実性

(b) ロボットのエンターテイメント性に関する評価項目

項目（評価尺度：7段階《1：全くそう思わない～7：非常にそう思う》）	種類
ロボットに，愛着がもてる。	エンターテイメント性
ロボットとの対話は，楽しい。	エンターテイメント性
ロボットの動きを見るのは，おもしろい。	エンターテイメント性
ロボット喫茶店は，居心地が良い。	エンターテイメント性
ロボットサービスは，斬新である。	エンターテイメント性

(c) ロボット喫茶店の総合評価項目

項目（評価尺度：7段階《1：全くそう思わない～7：非常にそう思う》）	種類
ロボット喫茶店のサービスに，総合的に満足している。	顧客満足度
ロボット喫茶店のサービスは，あなたの期待に近い。	顧客満足度
今後も，ロボット喫茶店を利用したい。	再利用意向
ロボット喫茶店を，家族・友人・知人に紹介したい。	他者推奨意向

表 8-1 のアンケート項目の評価は，≪1：全くそう思わない～7：非常にそう思う≫の7段階とした。モデル化するにあたり，サービス品質に関する各項目の評価結果を「SERVQUAL の5つの次元」，「インタラクティブ性」，「エンターテイメント性」の計7つの次元（種類）ごとで平均化し，それを各変数とした。その上で，評価尺度1～3を評価「1:低」，4～5を評価「2:中」，6～7を評価「3:高」とし，3値データとして扱った。

この後，ベイジアンネットワークを用いてモデル構築を行った。ベイジアンネットワークとは，**4章**で述べたように，対象とする確率変数のノードと変数間の依存関係を確率的なネットワークとしてモデル化

表 8-2　ロボット喫茶店のサービス品質評価

評価項目	種類	平均値	標準偏差
ロボットの動きを見るのはおもしろい。	エンターテイメント性	6.35	1.029
ロボットは，注文通りのものをきちんと提供する。	信頼性	6.32	1.265
ロボットサービスは，斬新である。	エンターテイメント性	6.20	1.258
ロボットの中に，あなた個人に注意を払っているものがいる。	共感性	3.88	1,703
ロボットがサービスに費やす時間は，適切である。	反応性	3.50	1,664

したものである。サービス品質に関する 7 変数は，それぞれ互いに独立であるという仮定を置き，これら 7 変数を「総合満足度」,「再利用意向」,「他者推奨意向」の親ノード候補に指定してモデルを構築した。

表 8-2 は，サービス品質評価の集計結果の一部を示したものであるが，エンターテイメント性やサービスの信頼性の評価が高くなっており，サービスの共感性や反応性の評価は低くなっていることがわかる。

図 8-6 に，学習結果より得られた顧客満足度指数化モデルを示すが，ここから，サービスの確実性とエンターテイメント性が顧客満足度に大きな影響を与えていること，また，エンターテイメント性が再利用意向および他者推奨意向にとって重要な要因であることがわかる。そこで，親ノードにあたる変数が当該変数にどれだけ影響を与えているかを調べ

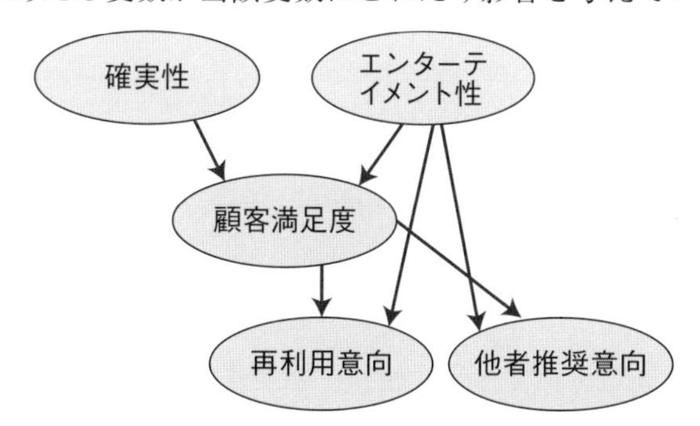

図 8-6　ロボット喫茶店における顧客満足度指数化モデル

表 8-3 「顧客満足度」と「再利用意向」の感度分析

「顧客満足度」＝3 の事前確率	0.4207		
操作変数	「顧客満足度」=3 の事後確率		
	1 に固定した場合	2 に固定した場合	3 に固定した場合
確実性	0.3197	0.3783	0.5796
エンターテイメント性	0.2585	0.2865	0.5824

「再利用意向」＝3 の事前確率	0.3979		
操作変数	「顧客満足度」=3 の事後確率		
	1 に固定した場合	2 に固定した場合	3 に固定した場合
エンターテイメント性	0.3047	0.2771	0.5532
顧客満足度	0.3124	0.2452	0.6153

るため，感度分析を行った。**表 8-3** にその結果を示す。表中の事前確率は，当該変数以外の変数を周辺化したときに当該変数が 3 となる確率を，事後確率は，操作変数のみにエビデンスを与えたときの当該変数の確率を表している。事前確率と事後確率を比較すると，確実性やエンターテイメント性を高く評価することが高い満足度に繋がり，再利用意向を促進していることを示唆している。

4. まとめ

本章では，ロボット飲食店の実用化例を述べたが，現状では，単一タスクに限定し，機能要求とロボット性能を根気よく擦り合わせて運用すれば，ロボットビジネスとして成立できる時代になってきたといえる。はま寿司の Pepper 以外でも，文献 [7] では，あるステーキレストランで，追従運搬ロボット「サウザー」が，来店客が食事を終えて店を出た後，重い鉄板などの食器を片付ける下膳作業に適用させ，スタッフの仕事効率が改善されたと報告されている。

今後しばらくは，単一タスク単一ロボットを実践するロボット飲食店が増えると予想されるが，5年後には，**3.** 節で述べたような，マルチロボット飲食店が街のあちこちで見られるようになるかもしれない。

参考文献

[1] ロボット新戦略『Japan's Robot Strategy —ビジョン・戦略・アクションプラン—』（日本経済再生本部，2015年2月）
https://www.kantei.go.jp/jp/singi/keizaisaisei/pdf/robot_honbun_150210.pdf

[2]『満3歳のペッパーに解約の試練　更改率15%，巻き返しなるか』（日経コンピュータ 2018/10/25号，ニュース&リポート pp.12-13，2018年10月）

[3]『6400万円で作った，中国のロボットレストラン』（2013年1月）
http://news.livedoor.com/article/detail/7311757/

[4]『Guangzhou restaurant fires its robot staff for their incompetence』
http://shanghaiist.com/2016/04/06/restaurant_fires_incompetent_robot_staff/

[5]『前例ない"Pepperの接客"　はま寿司のキーマンは「新規プロジェクト」で社長をどう説得したか』（IT Media NEWS）
https://www.itmedia.co.jp/news/articles/1812/11/news016.html

[6] 森田武史，柏木菜帆，萬礼応，鈴木秀男，山口高平『PRINTEPSに基づくマルチロボット喫茶店の実践とサービス品質の評価』（第32回人工知能学会全国大会，4L1-04，2018年）

[7]『ブロンコビリーはなぜロボットを導入したのか「より良いもの求めて常に試行錯誤」(1/2)』（Monoist，2018年）https://monoist.atmarkit.co.jp/mn/articles/1810/24/news047.html

演習問題

【問題】

(1) 2012年6月，中国・黒竜江省のハルビン市でオープンしたロボットレストランは，当初人気を博したが，その後，閉店に追い込まれた。その経緯を述べよ。

(2) はま寿司で座席案内をするPepperの接客法で，番号を呼んで客がいない場合，どのように対応したか？　また，なぜ，そのような対応でもクレームが来なかったのか？

(3) ステーキレストランにおける追従運搬ロボット「サウザー」は，どのような業務に専念させて成功したか？その理由も考察せよ。

(4) マルチロボット喫茶店では，どのようなロボットにどのような業務を担当させているか？

(5) 人の喫茶店とロボット喫茶店では，サービス品質的にどのように異なるのかを考えよ。

解答

(1) 2012年6月，ハルビン市のロボットレストランでは，130-160cmの人型ロボットが，調理補助や配膳補助を担い，表情も変え，簡単な中国語も話して，開店当初は大勢の客が押し寄せたが，飲食物を運搬時にこぼし，ロボットの前に現れた子供とぶつかるなど，ロボットの性能が低く，閉店に追い込まれた。

(2) はま寿司で座席案内をするPepperの接客法で，番号を呼んで客がいない場合，「～番の方，いらっしゃいませんよね？では，次の～番の方どうぞ」というように，その場にいない客を待つことなく，すぐに飛ばすという機械的な対応をしたが，ロボットだから仕方がないと感じる客が多く，クレームはあまり来なかった。

(3) ステーキレストランにおける追従運搬ロボット「サウザー」は，来店客が食事を終えて店を出た後，重い鉄板などの食器を片付ける下膳作業に適用させ，スタッフの仕事効率が改善された。当初，配膳にも適用したが，スタッフの移動の妨げになるケースが多く，下膳に特化させた方が作業効率の改善になることが判明した。

(4) マルチロボット喫茶店では，移動可能な人型ロボットPepperに入店挨拶・座席案内・注文取りを担当させ，ロボットアームJACO[2]にソフトドリンクを準備させ，移動可能な人型ロボットHSRにソフトドリンク運搬と後片付けを担当させた。

(5) ロボット喫茶店では，サービス品質的に，安心してサービスを受けられるというサービスの確実性，および，エンターテイメント性が顧客満足度に大きな影響を与えていることが分かったが，人による喫茶店では，エンターテイメント性は含まれない。

9　間接業務とAI

山口　高平

《目標＆ポイント》 本章では，主に，間接業務において，単純なパソコン定型操作を代行するRPAの実施例と適用限界，業務ルールの適用可否判断を伴うBRMSの実施例と適用限界を中心に述べる。RPAはExcelのマクロであるVBA，BRMSは意味理解基盤であるオントロジーとも深く関わる事も指摘する。

《キーワード》 バックオフィス，RPA, VBA, ES, BRMS

1．間接業務（バックオフィス）とAI

大学の主たる直接業務は，教育・研究・社会貢献であり，これらの直接業務を支援する間接業務として，経理・用度・総務・人事・情報サービス支援などがある。**図9-1**に，ある大学の経理・用度に関連する30程度の間接業務を示したが，基幹情報システム，およびそのフロントエンド情報システムの改善により，10年前と比較すれば，事務処理は効率化された。しかしながら，研究プロジェクト・社会貢献が多様化した結果，間接業務も多様化し，より多くの人手が必要となり，多くの大学で多くの派遣職員が勤務することが日常の光景になってきた。教員と職員がより密に連携して,時代が求める新しい教育と研究を展開したいが,**図9-1**のような多くの定型事務処理に追われてしまっているという実態がある。このような話は，大学に限らず，様々な組織にあると思われるので，本章では，間接業務へのAI適用可能性について考えてみたい。

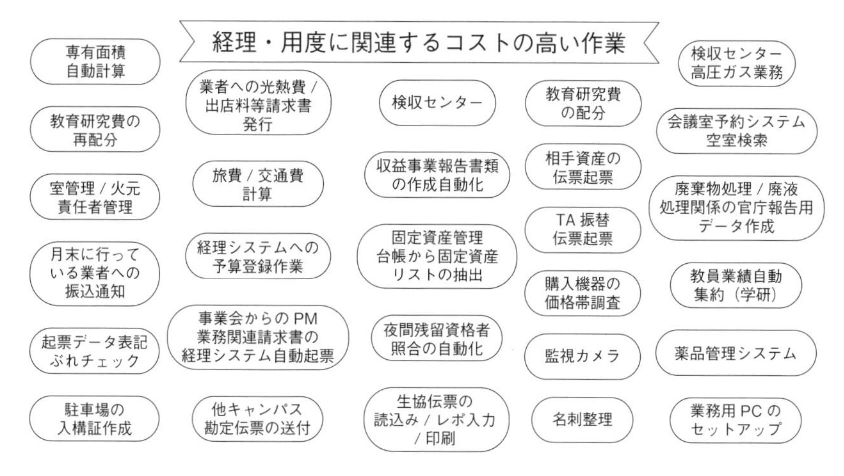

図 9-1　大学における間接業務

2. RPA と VBA

RPA（Robotic Process Automation）には，狭義の RPA と広義の RPA の2種類の意味がある。狭義の RPA は，ホワイトカラーが行う，パソコン上で複数のアプリケーションに跨る操作をソフトウェアに記録・模倣させることにより，ホワイトカラーのデスクワークを効率化・自動化する仕組みであり，デジタルレイバーと呼ばれることもある。従って，RPA は AI と区別されるのが通常であるが，広義の RPA では，RPA は3段階で発展するとされ，第1段階は狭義の RPA で AI ではないが，第2段階以降は AI が関わり，RPA は AI であると主張される場合がある。しかしながら，広義の RPA は，意味理解，言語理解などの次世代 AI 技術を含んだ意味で利用されており，オフィス定型業務の自動化を意味する RPA というドメイン用語に，様々な知的技術を包含する AI という技術用語を含めるのは，混乱・誤解を生む原因になるものであり，言語理解に基づくRPAのように，技術用語とドメイン用語を関連付けて言及すべきである。このように，ドメイン用語の中にAIを含めて,誤解･混乱が生じていることが多々あるので,注意が必要である。なお，ここでいうロボットは，身体をもつハードウェアロボットではなく，ホワイトカラーの補完としてオフィス業務を代行するソフトウェアであることから，ソフトウェアロボットと呼ばれることがある。

RPAは，単純なパソコン定型操作を記録して模倣させることであるが，プログラミングが不要であることが多くの人に受け入れられ，2017年，日本ではRPAブームが起こった。例えば，派遣事務職員が，パソコンで，自社の会計システムからA社への売上データを抽出し，その売上データをExcelファイルに転写して請求票を作成していたとしよう。このような作業が1日数百件ともなれば，抽出・転写ミスも起こるであろうし，請求票作成時間も長くなってしまう。業務内容にも依存するが，RPAは24時間動作可能なので，RPA一体で人の2～5人分の業務をこなすと言われている。以下は，ある大学で実施されていた，業者への支払い明細書送信事務手続きである。

①会計システムから支払い情報をCSVファイルにダウンロード
② CSVファイルから，業者毎に支払い情報をまとめて抽出し，
支払い明細書Excelファイルに転写
③合計金額を計算し，支払い明細書Excelファイルを作成
④支払い明細書Excelファイルと会計システムを比較し，
合計金額を確認
⑤ Excel印刷機能により支払い明細書FAX送信

ここで，①～⑤すべてがパソコン単純作業でありRPAにより代替可能であるが，無償版のRPAソフトを利用しようとしたため，様々な制

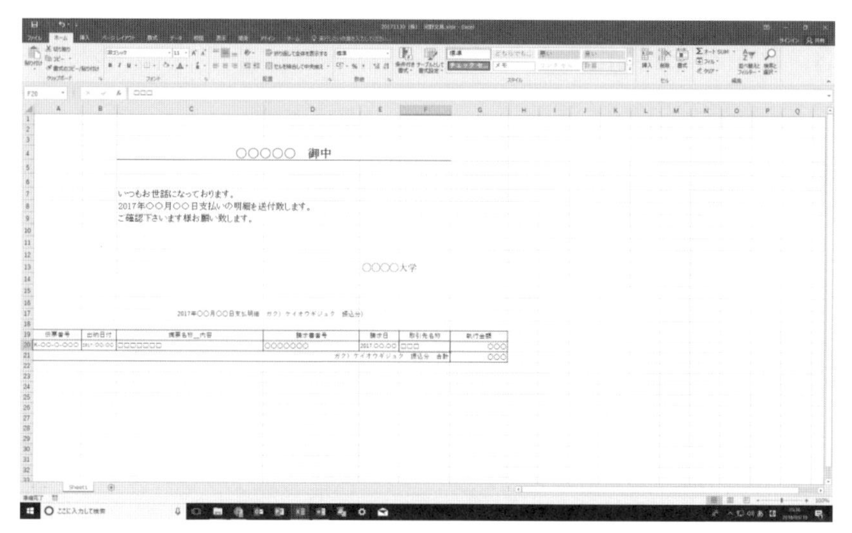

図 9-2　支払い明細書 Excel（Microsoft®）ファイル

約があり，RPA の利用を断念し，②～⑤に対して，Excel のマクロ機能である VBA（Visual Basic for Applications）で代替することとした。

詳細は省略するが，2300 行程度の VBA により，**図 9-2** のような支払い明細書が作成され，FAX 送信されるシステムが開発された。この結果，50 件の事務作業の場合，事務処理時間が 150 分から 50 分程度と約 1/3 になり，RPA とほぼ同様の効果が得られた。今回の事務処理作業では，Excel ファイルの処理が中心であったため，VBA で代替できたが，プログラミングができるスタッフが必要となる。また Excel 以外のアプリケーションが関連したパソコン操作になり，プログラミングスタッフがいなければ，RPA の適用となろう。

3. ES と BRMS

企業情報システムの分野では，経営と IT の融合を目指して，1990 年代以降，BPR（Business Process Re-engineering），BPM（Business Process Management），EA（Enterprise Architecture）など，様々な概念が提唱されてきた。分野にも依存するが，大規模組織では業務ルールは 1 万個以上となり，そのうち 30 ～ 40％は頻繁に変更されるため（文献［1］），業務ルールが基幹情報システム内にハードコーディングされていれば，その変更維持管理コストは膨大になる。

以上の背景から，業務ルールと基幹情報システムを分離し，業務ルールを ES の枠組み（ルールベース（RB）と推論エンジン）によって独立に管理し，自然言語入力 IF（Interface. インターフェース）により業務担当者が業務ルールを直接変更でき，変更された業務ルールを実行するプログラムを自動生成して，基幹情報システムを自動的に変更できる出力 IF を備えた BRMS（Business Rule Management System）への関心が高まってきている。

ES に自然言語入力 IF とプログラム自動生成出力 IF を加えた BRMS が，ES が衰退していった 1990 年代に登場し，変化の激しいビジネス分野において，ハードコーディングによる維持コストの上昇問題を解決するために，2010 年代に多くの関心を集めてきた点は興味深い。

RB への入力 IF については，ES では，知識エンジニアが領域専門家にインタビューして専用のルールベース記述言語を使ってコード化していたが，BRMS では，業務担当者が DSL（Domain Specific Language）を使って，自然言語（に近い構文）でルールを直接入力する。DSL は，日本語ではドメイン固有言語と呼ばれ，特定のタスク向けに設計された，コンピュータが扱える擬似自然言語である。また，RB から情報システムに連携する出力IFについては，業務ルールからプログラム（Java言語など）への自動変換を実現し，統合開発環境との連携も可能にする。このようにしてBRMSでは，情報システム担当者が関与せず，業務担当者だけで，業務ルールをアジャイルに開発・保守できる環境を目指している。

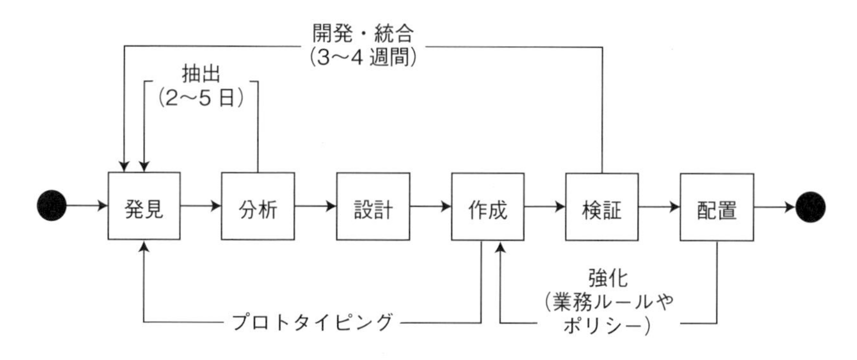

図9-3　ABRDにおける業務ルールの開発工程

4. 業務ルール開発過程

ボイヤー（J.Boyer）らが提案している業務ルール開発手法である，ABRD（Agile Business Rule Development）における業務ルールの開発工程について述べる（文献［2］），ABRDは，BRMS，BRE（Business Rule Engine），BPEL（Business Process Expression Language），BPMのコンポーネントから成る，アジャイルソフトウェア開発環境である。

図9-3にABRDにおける業務ルール開発工程を示すが，その工程は，発見，分析，設計，作成，検証，配置という6サブ工程から構成され，抽出，プロトタイピング，開発，統合，強化の5つのサイクルにより，業務ルールが開発されていく。ここで，発見と分析を繰り返す抽出サイ

クルでは，業務プロセス記述，ユースケース記述，業務専門家との面談などから，有用なルールを発見・分析して検証し，2～5日程度で，有用なルール群に絞り込むことが重要となる。

5. BRMSの実践

以下，ある大学における，大学教員の出張旅費申請にBRMSに適用した実践について述べる。大学教員は，学会発表の出張を申請するために，通常**表9-1**のような申請書を提出する。ここで，路線選択アプリなどを利用して，詳細に旅行日程（運賃）を記載し，宿泊料と日当を記入しなければならない。申請書を受けとった職員は，移動経路に迂回がないか，宿泊料と日当が業務ルールに照らして妥当であるかなどを検証する。平均すれば，一ヶ月600件程度の申請があり，1件10分かかるとすれば，10*600=6000分=100時間も費やすことになる。国内出張の場合は，宿泊費は一定であるが，日当は，教職員の職位および旅行日程

表9-1　大学の出張旅費申請

月	日	旅行日程（交通機関，用務詳細） 出発地・時刻～到着地・時刻	運賃(円)		宿泊料(円)		日当(円)	その他（円）	
			出張者支払	業者支払	出張者支払	業者支払	出張者支払	出張者支払	業者支払
1	23	日吉（神奈川県）11:19～東急目黒線急行・西高島平行～11:53大手町（東京都）11:54～徒歩～12：04東京12:20～JR新幹線はやぶさ～13：52仙台	11,400		12,000		3,500		
		会議の参加							
1	24	会議の参加					3,500		
		仙台17:21～JR新幹線はやぶさ～18:56東京19:06～徒歩～19：16大手町（東京都）19:18～都営三田線急行・日吉行～19:57日吉（神奈川県）	11,400						
合　計			22,880		12,000		7,000		

（当日の業務の有無）に依存して，**表 9-2** のように変化する。**図 9-4** に，Drools Workbench というフリーの BRMS ツールを利用した，国内の宿泊費決定ルールの入力例を示す。また，海外出張の場合は，宿泊費についても，職位と目的地（欧州・北米・指定都市であるか否か）の組み合わせに依存して変化し，**図 9-5** に Drools Workbench を使った入力

表 9-2　国内の日当・宿泊費決定ルール

職位	日帰り日当	業務後の宿泊時日当（移動後の宿泊日当）	宿泊料
(A) 教授・准教授・専任講師・管理職職員	2,100 円	3,500 円 (1,750 円)	12,000 円
(B) 助教・助手・一般職員	1,800 円	3,000 円 (1,500 円)	12,000 円

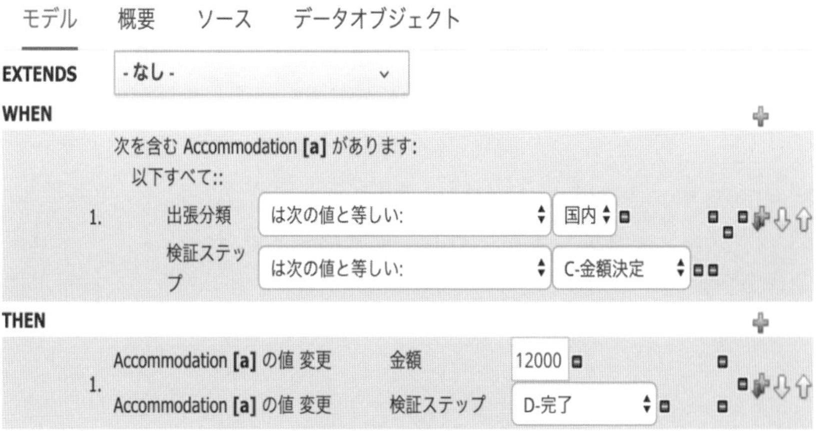

図 9-4　国内宿泊費決定ルールの入力

RuleSet	com.officeai.tripre
import	com.officeai.triprequest.Accommodation

RuleTable Accommodation					
CONDITION	CONDITION	CONDITION	CONDITION	ACTION	ACTION
$accommodation:Accommodation					
検証ステップ	出張分類	役職分類	目的地分類	$accommodation.set 金額（$param）;	modify($accommodation){set 検証ステップ("$param")}
検証ステップ	出張分類	役職分類	目的地分類	宿泊費	検証ステップ
C-金額決定	国外	A	指定都市・欧州・北米	23000	D-完了
			その他	19000	D-完了
		B	指定都市・欧州・北米	21000	D-完了
			その他	17000	D-完了
	国内			12000	D-完了

図 9-5　海外出張の宿泊費決定表

例を示す。

例外的な扱いをするケースも含めて，最終的には 31 個の業務ルールを Drools Workbench により入力し，**図 9-6** のような路線選択アプリケーションと Drools Workbench を連携させた。ユーザは，路線選択アプリケーションを使って，旅行日程を計画すれば，その旅行日程データが Drools Workbench に入力され，業務ルール群がそのデータを処理し，**図 9-7** のような処理結果を出力し，最終的に，**表 9-1** のような旅費申請書を自動的に出力する。総合的な実証実験は未了であるが，間接部門職員の感想では，1/3 程度の業務時間は短縮可能であろうと評価された。

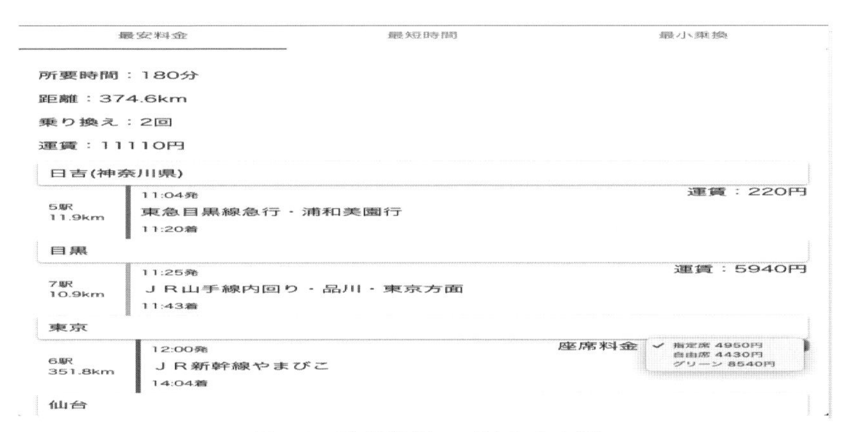

図 9-6　路線選択アプリの出力例

図 9-7　BRMS による処理結果

6. 企業における RPA と BRMS 適用事例

2. 節では，有料版の RPA を利用できなかったため，VBA で代行させたケースを説明したが，間接部門において，プログラミングができる職員がいれば，彼（彼女）が有用なエクセルマクロを開発し，事務効率を向上させることが可能なので，RPA は必要ない。しかしながら実態としては，そのようなスキルを有する職員は少数なので，プログラミングが不要なRPAに大きな期待が集まり，2017年にRPAブームが起こったといえる。事実，RPAによりパソコン定型処理を自動化し，省力化およびミス軽減に効果をあげ，2016年に日本RPA協会も設立された。しかしながら，RPAは判断の伴わない断片的な手作業の自動化に留まる技術であり，業務プロセス全体の抜本的な改革などには効果はなく，RPAの適用限界も把握されてきた。

一方，BRMSは，判断の伴うより高度な業務プロセスの自動化であり，導入にはコストもかかるが，十分に分析して導入すれば，効果もあがる。

例えば，文献[3]において，明治安田生命保険の自動査定システム開発時におけるBRMS導入例が述べられている。従来，査定マニュアルでは，保険加入条件が定性的に述べられており，その定量化が課題となっていた。

例えば，

IF 初診から経過が短い THEN 査定医が判断，

というような査定ルールでは，「経過が短い」の定義が定まっておらず，査定担当者が集まって議論してこれを「3か月以内」と定め，

IF 初診から3か月以内 THEN 査定医が判断

というように，定性的なルールを定量化していった。このような定量化プロセスはいわば合意形成であり，時間を要したが，白内障やがんなど，申請の多い病気を中心に，業務ルールの定量化を進め，テストを繰り返し，2年弱程度でシステムを完成させた。その結果，**図9-8**のように，5営業日を要していた査定業務が，最短で，1営業日までに短縮させることができた。

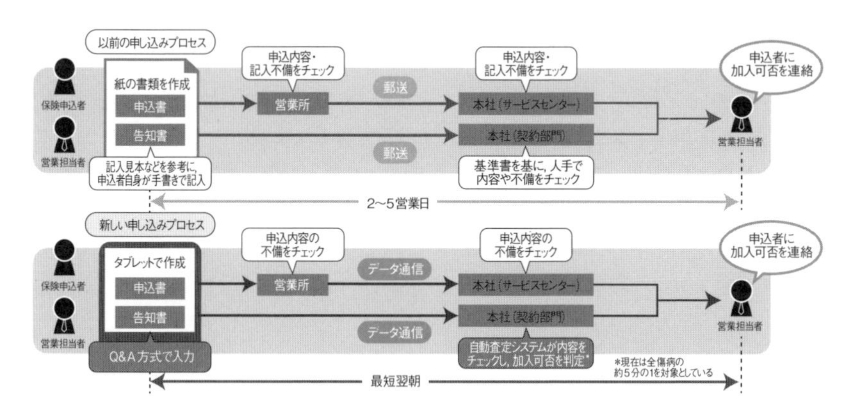

図 9-8　保険査定業務の BRMS 化による業務効率化

7. 劇的に変化する金融機関

現在，金融機関は，大きな変革期を迎えている。RPA，BRMS，ワトソンなどの導入による業務自動化が進み，また，ブロックチェーンの導入により，決済はすべてスマートフォンで対応する時代もそう遠くないという予想もある。LINE は，2018 年 11 月，銀行業への参入を発表し，みずほフィナンシャルグループと提携し，2020 年，「LINE BANK」の開業を目指すことを発表した。また，みずほフィナンシャルグループは 2026 年度末までに 1 万 9000 人削減，三菱 UFJ フィナンシャルグループは 2023 年度末までに 9500 人削減，三井住友フィナンシャルグループは 2019 年度末までに 4000 人削減すると発表した。1994 年，ビル・ゲイツは「将来，銀行業は必要であるが，銀行は必要なくなるであろう」と予言し，当時は一笑に付されたが，今，現実味が帯びてきたといえる。

参考文献

[1] ロナルド・G・ロス，グラディス・S・W・ラム（著），宗 雅彦（監訳）（その他），渡部洋子（翻訳）『IT エンジニアのためのビジネスアナリシス』（pp.326，日経 BP 社，2012 年）
[2] 森田武史，山口高平『業務ルール管理システム BRMS の現状と動向』（人工知能学会誌，vol.29，No.3，pp.277-285，2014 年）
[3]『［戦略］保険加入の査定結果を翌朝通知　BRMS で自動化し 5 日から短縮』（pp.40-43，日経コンピュータ 2016.4.14，2016 年）

演習問題

【問題】

(1) 狭義の RPA は AI と無関係であることを説明せよ。
(2) BRMS と基幹情報システムを統合する仕組みを説明せよ。また，その統合により，業務を効率化できる理由を述べよ。
(3) 大学教員の出張旅費申請に BRMS に適用した結果，業務処理時間は 1/3 程度になると予想された。その理由を説明せよ。
(4) 生命保険会社で BRMS による自動査定システムを開発した結果，生じた効果を 2 つあげよ。
(5) 現在，金融機関はどのような組織と連携して，大きく変わろうとしているのか？

解答

(1) 狭義の RPA は，メール・ネット閲覧・エクセルなど，複数のアプリケーションに跨るパソコン定型業務の自動化であり，人の知的な処理を代行するものではないので，AI ではない。
(2) BRMS は，自然言語により書かれた業務ルールをプログラムに自動変換し，基幹情報システムと統合できる。従来，業務ルールは基幹情報システム内にハードコーディングされ，変更維持コストが大きいことが問題であったが，BRMSを使えば，業務ルールを自然言語レベルで維持管理可能となり，効率化できる。

(3) 大学教員の出張旅費申請において，教員職位に依存して日当が異なるなど，30個程度の業務ルールがあり，その業務ルールの適用・検査は，職員がそれらの業務ルール群を記憶し，対応していたが，その業務プロセスがBRMSにより自動化されることにより，職員の感想として，業務処理時間は1/3程度になると予想された。

(4) 明治安田生命保険相互会社では，査定ルールの保険加入条件において，担当者レベルで議論し，「経過が短い」という定性表現を「経過が3カ月以内」という定量表現に統一するなど，業務ルールの定量化を進め，社内の合意形成ができたことが1番目の効果である。また，システム完成後，5営業日が最短で1営業日になったことが2番目の効果である。

(5) LINEは，2018年11月，銀行業への参入を発表し，みずほフィナンシャルグループと提携し，2020年，「LINE BANK」の開業を目指すことを発表した。このように，金融機関はSNS等のIT企業との連携を進めて，大きく変わろうとしている。

10 社会インフラを支えるAI

山口　高平

《目標＆ポイント》 本章では，道路橋梁ひび割れ検知，橋梁近接目視支援ロボット，ETC 点検業務支援，除雪車運行スケジューリング，発電所点検スケジューリングを例にとり，社会インフラを支える AI について述べる。
《キーワード》 ディープラーニング，ワークフロー，判断ルール，ルール根拠，オントロジー

1．道路設備近接目視点検の自動化

我が国では，1964 年の東京オリンピック開催前に，多くの道路が整備されたが，主要道路設備である橋梁やトンネルは，50 年が耐用年数の一つの目安とされている。全国には約 70 万橋の橋梁があるが，建設年度が判明している約 40 万橋のうち，耐用年数 50 年を超えた（2 m以上の）橋梁は，2013 年に約 71,000 橋（約 18%）であった。しかしながら，2023 年には約 171,000 橋（約 43%），2033 年には約 267,000 橋（約 67%）と急伸するため（文献 [1]），橋梁を定期的に点検・診断し，事故が起こる前に手当てをする道路設備維持管理が重要となるが，市町村では土木部門職員の減少や高齢化，および予算確保の課題があり，対応に苦慮している。

また，2012 年 12 月に笹子トンネル天井板落下事故という大規模トンネル事故が起こり，2014 年 7 月，道路設備近接目視を 5 年に 1 回実施することが義務づけられたが，橋梁は構造的に近接目視が困難になるこ

と，道路点検技術者不足などの理由から，近接目視の定期的実施が難しく，近接目視支援システムの研究開発に期待が寄せられている（文献[2]）。本節では，以上の背景を踏まえ，ディープラーニングによるひび割れ（クラック）検知システム，橋梁維持管理ロボットについて述べる。

(1) ディープラーニングによる橋梁ひび割れ検知システム

橋梁のひび割れを検知する場合，従来の手続き的プログラムの処理では，正常かひびかを閾値により単純に検知するため，ひびを正確に検知できないことから，現状，ひび割れ調査は人の目視で実施されている。また，橋梁のひびを撮影することはコストがかかり，大量画像データの収集が困難となることから，特徴量を与えないディープラーニングでは，その適用効果も低い。

以上の背景から，文献［3］では，数百枚の橋梁ひび割れ画像に対して，「ひび割れ」「チョーク跡」「型枠跡」「汚れ」のラベルを専門家が与え，畳み込み型ニューラルネットワークで学習させたところ，ひび割れ検出精度は80％を超えた。**図10-1**の左図が，本手法による橋梁ひび割れ検知結果であり，右図の従来のプログラム処理による検知結果と比較して，ひび割れが正確に検出されていることが分かる。

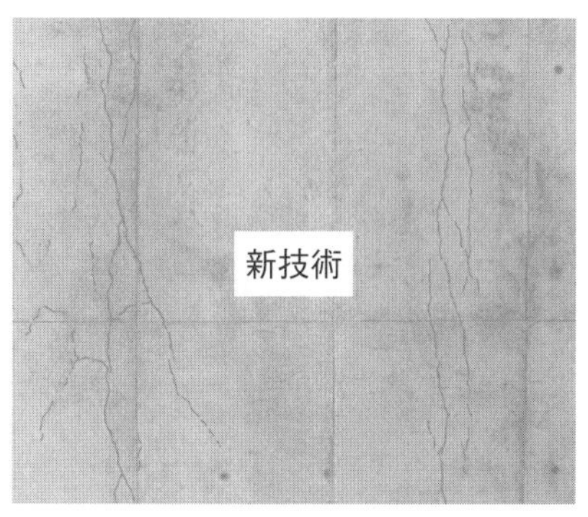

図10-1　ひび割れ検知結果の比較（文献［3］）

(2) 橋梁点検維持管理ロボット

図 10-2　NEDO プロジェクト

近接目視点検は，点検員が橋梁に近づき「目視・打音→ひび割れの発見・計測→チョーキング（ひび割れを外した位置にマーキング）→ひび割れの写真撮影→野帳（野外で使う手帳）記録」という手順で実施されるが，ひび割れの発見・計測には専門知識が必要であり，道路点検技術者不足から，十分に対応できていないのが現状である。そのため文献［4］では，近未来の点検手法は「ドローン・ロボットによるスクリーニング（絞込み）→目視・打音→ひび割れの発見・計測→チョーキング」になると予想し，ドローン・ロボット活用により，点検範囲が絞りこめ，かつ，写真撮影と野帳記録が省略でき，近接目視点検が大幅に簡略化され効率化されると期待され，**図 10-2** のような国家プロジェクトが数多く実施されている（文献［5］）。

2. 高速道路設備点検業務支援スマートグラス

前節では，近接目視が困難な橋梁点検支援ロボットについて述べたが，文献［6］にあるように，社会インフラを維持する新人作業者が大幅に減少しており，橋梁に限らず，新人作業者による業務を支援する体制の整備が求められている。本節では，慶應義塾大学理工学部と NEXCO 中日本の共同研究により開発した，スマートグラスによる高速道路設備 ETC（Electronic Toll Collection system. 電子料金収受システム）の点検業務支援システムについて述べる（文献［7］）。

20 冊程度の高速道路点検業務マニュアルを分析し，6 回熟練者へのインタビューを重ね，2回点検現場を体験して，ETC点検業務を分析した結果，点検業務には，(1) 点検ワークフロー13，(2) 点検判断ルール47，(3) 点検判断ルールの根拠（木構造により，目標と手段の関係を記述したゴールツリー47ノード），(4) 業務用語の意味（作業オントロジーのクラス23，プロパティ10，インスタンス81，トリプル500。装置オントロジーのクラス16，プロパティ9，インスタンス64，トリプル400），(5) マルチメディア（図と写真128，動画67）などの知識データが必要であり，これら5種類の異なる知識データを統合する複合知識ベースを開発した。

この後，新人作業者が装着するスマートグラスが，ワークフローと判断ルールとマルチメディアを使って，その画面に作業手順，判断ルール，図・写真・動画を映し出しながら，新人作業者に点検業務を教示するとともに，新人作業者により提示された質問に対して，点検判断ルール根拠と業務用語の意味を定義したオントロジーを使って回答する，**図10-3**のようなETC点検業務支援システムを開発した。

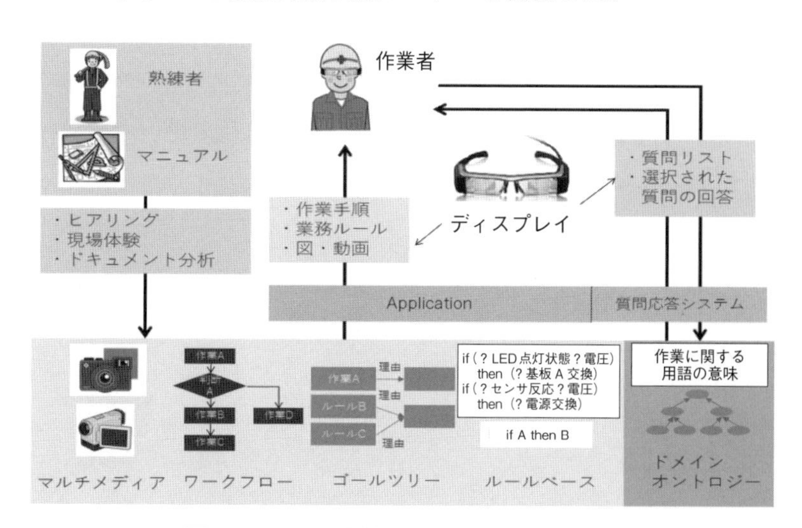

図10-3　ETC点検業務支援システム構成

新人作業者は，**図 10-4** のように，スマートグラスを装着し，イヤホンマイクを通して，音声によりシステムに指示や質問を与える。

図 10-4　作業支援

図 10-6 では，スマートグラス上に作業手順 1-4 が表示され，文章だけでは理解できないとき，作業番号を発言すると，＊がついた作業 2 と 3 は動画，＊がついていない作業 1 と 4 は図が表示される。ここで，「3. PRC 基板取付板金固定ネジを外し，PRC 基板取付板金を筐体から外す」という作業が理解できない場合，「3 番」と発言すると，**図 10-5** のように，作業に関する動画がスマートグラス上に流される。

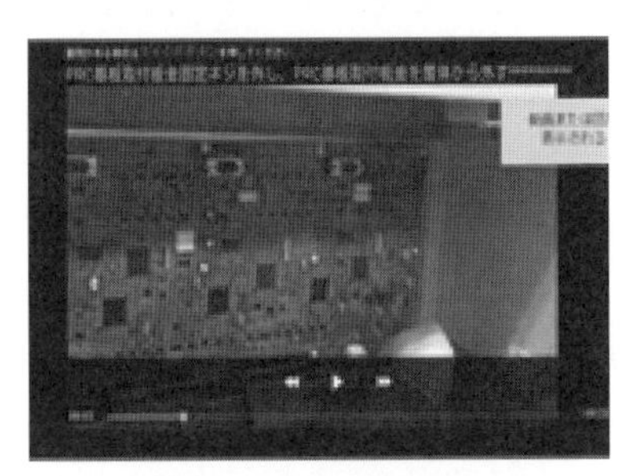

図 10-5　説明用動画

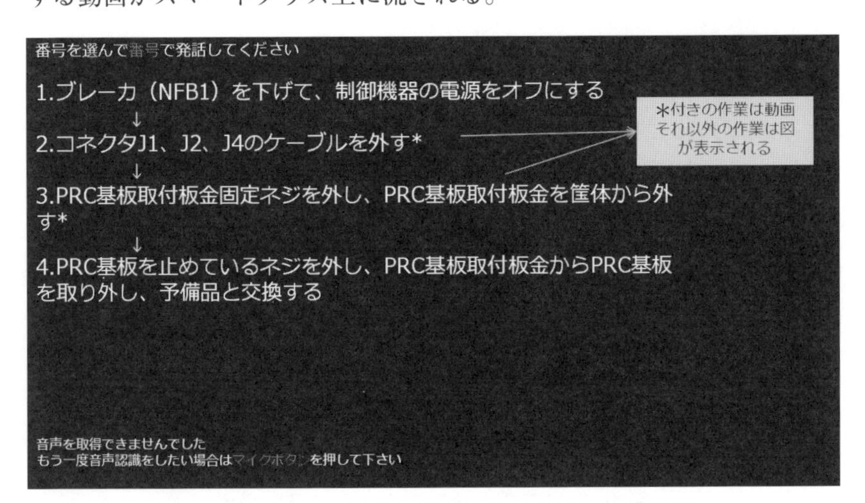

図 10-6　スマートグラス上に表示された作業手順

新人作業者は，作業途中に何か質問したくなった時，イヤフォンマイクボタンを押すと，**図 10-7** のように質問リストが表示され，この中から質問を選ぶ。本来なら，新人作業者が自由に質問できればいいのであるが，質問の意図推定などの課題もあり，新人作業者の疑問となる質問リストを事前に整理して与え，その中から質問を選択する方式を採用している。ここでは，「1 番」と発言されて質問 1 が選択され，画面下部に作業注意事項が表示されている。

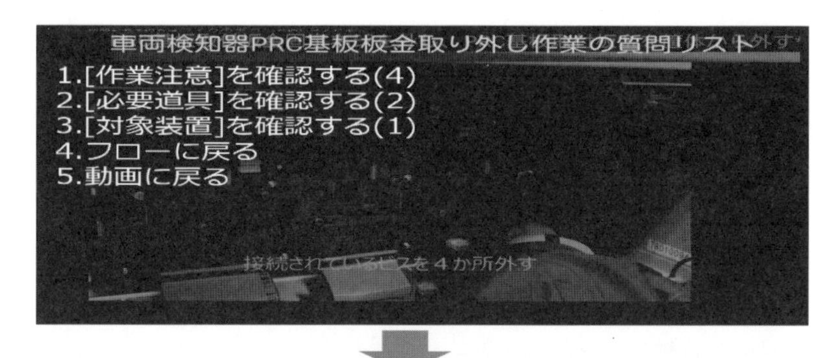

図 10-7　質問応答システム表示画面

スマートグラスを利用した ETC 点検業務支援システムを評価するために，実際の高速道路 IC（インターチェンジ）の ETC レーンで，新人ではないが，ETC 点検業務は未経験である，高速道路業務担当者 2 名により評価実験を実施した。運用中の ETC レーンを使用したため，様々な制約があり，6 種類のワークフローを対象にして，被験者 A には 13 個の具体的作業，被験者 B には 9 個の具体的作業に取り組んでもらい，QA システムの有無を含めて評価した結果が**表 10-1** である。

表 10-1　ETC 点検業務支援システム評価実験結果

被験者		A	B	合計
体験作業数		13	9	22
作業実施結果	① QA システムを利用せずに作業意味を理解し，かつ，作業を遂行できたケース	5	2	7
	② QA システムを利用せずに機械的に作業を遂行できたが，作業意味を理解していないケース	1	2	3
	③ QA システムを利用して，作業意味を理解し，かつ，作業を遂行できたケース	3	2	5
	④ QA システムを利用しても作業を遂行できなかったケース	4	3	7

表 10-1 において，①のケースは，ワークフローと判断ルールと図・写真・動画を表示すれば，作業意味を理解できて，作業を遂行できる，比較的単純な作業であり，全体の 32% 程度であった。②のケースは，ワークフローと判断ルールと図・写真・動画を見て，一応，作業を遂行できたが，作業の意味は理解されておらず，作業後に，作業注意事項を尋ねても回答できなかったケースであり，全体の 14% 程度であった。③のケースは，ワークフローと判断ルールと図・写真・動画だけでは，作業を遂行できなかったが，QA システムにより，作業者の疑問が解決し，作業意味を理解できて，作業を遂行できたケースであり，QA システムが貢献しており，全体の 23% 程度であった。④のケースは，ワークフローと判断ルールと図・写真・動画だけでは作業を遂行できず，QA システムを利用しても状況が改善できなかったケースであり，装置を見つけにくい，手動操作が面倒など，複雑な作業で，全体の 32% 程度であった。

作業意味の理解を外して，作業遂行率だけに限定して考えると，①＋

②／全作業により，全作業の46%がQAシステムを利用しなくても遂行可能であったのに対し，①＋②＋③／全作業により，全作業の69%がQAシステムの利用により遂行可能となり，QAシステムの利用により遂行可能作業数は1.5倍になると言え，QAシステムの開発意義はあったと再確認できる。

また，別途，数十名の業務担当者に集合してもらい，開発した5種類の知識データベースの評価会を実施した。その結果，現場の判断を反映したIF-THENルール，点検業務撮影動画，設備写真などの評価が高く，時間をかけて外在化した，抽象度の高い業務フローの評判は高くなかった。設備点検業務では，知識が設備と一体化され，その固有知識・情報の提示が，業務担当者にとって有用だったといえる。ただ，上長だけが，一般レベルで記述した業務フローに興味を示した。「私は，長年，様々な設備点検を経験してきたので，具体的知識や情報にはあまり関心はないが，一般レベルの業務フローは，今までの体験を集約化したようにみえ，点検業務知識全体の見直しを考える上で参考になった」というコメントが寄せられた。

発達心理学では，専門家の熟達化は，初学者（beginner：業務を学び始めた段階），初心者（novice：業務に慣れ始めたがまだ指導を受ける段階），一人前（routine expert：一人で自立して定型的な処理ができる段階），中堅者（adaptive expert：状況に応じて適応的に処理できる段階），熟達者（creative expert：創意工夫により，新しい知識を生み出せる段階）と5段階で進むとされる（文献［8］）。本評価会では，参加者の多くが初心者か一人前か中堅者であり，現場固有の具体的知識に有用性を感じたのに対し，点検業務知識の刷新を計画している熟達者レベルの上長だけが，汎用知識に有用性を感じたといえる。

3. 高速道路雪氷対策業務支援

降雪地帯では，冬期，**図 10-8** のように，チーム全体で，設置カメラの映像，気象予測データなどをもとに，除雪作業や凍結防止剤散布作業の実施場所と時間を決め，除雪車の運行スケジューリングを作成し，その結果が伝達され，**図 10-9** のように，除雪・凍結防止剤散布作業が実施される。前節で述べたETC点検業務分析と同様に，慶応義塾大学理工学部とNEXCO中日本の共同研究により，慶応側がマニュアルを読んで雪氷対策知識を分析し，その後，熟達者レベルの業務担当者にインタビューを実施した。

図 10-8　雪氷対策室内業務

図 10-9　道路本線業務

しかしながら，対象が機械ではなく自然であることから，その天候と地形の関係，地域経済と物流の関係，過去の事例も考慮して，総合的に判断することから，判断ルールとその根拠は，属人化され暗黙知となっており，暗黙知の獲得に多大な時間を要した（インタビュー13回，冬期1～2ヶ月程度の現場体験）。例えば「IF 路面が湿潤，気温が0度以下になる予想　THEN 気温が4度になった時点で除雪車に塩の積み込み開始」という判断ルールが獲得されたが，初心者には，この判断ルールの合理性が分からないので，その理由を業務担当者にインタビューして

獲得し，ゴールツリーで表現したものが**図 10-10** である。

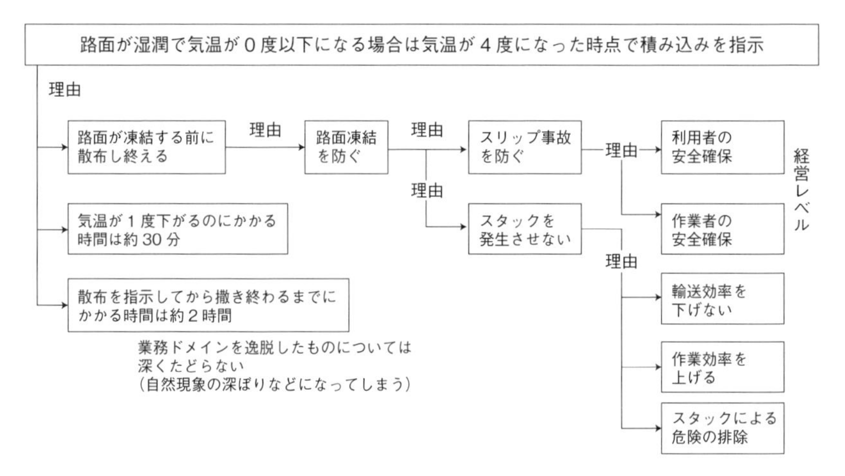

図 10-10　雪氷業務判断ルールの根拠を表すゴールツリー

雪氷対策ワークフローは形式知であり，「事前準備」「雪氷巡回」「凍結防止剤散布作業」「除雪作業」「拡幅除雪」「排雪作業」という６工程があり，各工程は詳細化される。例えば，凍結防止剤散布作業は「監視・情報収集」「意思決定」「方法の決定」「基地への指示」「記録」という５工程に詳細化される．雪氷業務はチーム作業なので，監視・情報収集工程は全員が担当し，意思決定工程は班長と班員が担当し，方法の決定も班長と班員が担当するというように，基地への指示プロセスは連絡員が担当し，記録は管理員が担当し，役割分担が決まっており，相互に連携する必要がある。

また，雪氷対策業務は冬期に限定されることから，暗黙知が多くなり，他業務と比べて，熟達化に時間を要することが課題であった。このため，体系化した知識を利用し，問題を解きながら，業務知識を学習していく，雪氷作業教育支援システムを開発した。

図 10-11 がその雪氷作業教育支援システムの画面の一部であり，左上がマクロレベルのワークフロー，右上が展開された詳細ワークフロー，左下が関連する判断ルール「IF 全面散布　THEN　塩化ナトリウムによる湿塩散布」が提示され，そのルールをクリックすると，右側の画面に遷移し，その根拠が提示される。こうして，(1)マニュアルで学習した新人，(2)本システムで学習した新人，(3)3 年程度の実務経験を有する業務担当者に，熟達者が作成した問題 16 問（すべて記述式。10 問は事実を問う問題。6 問は判断根拠を問う問題）を与えて解いてもらったところ，(2)と(3)がほぼ同程度で，(1)の 2 倍程度の正解率となり，本システムの有用性が示された。ユーザからは，知識が連携しているので関連性が理解でき，また，根拠を読んで判断ルールの意義が理解でき，知識の定着に役立ったと評価された。

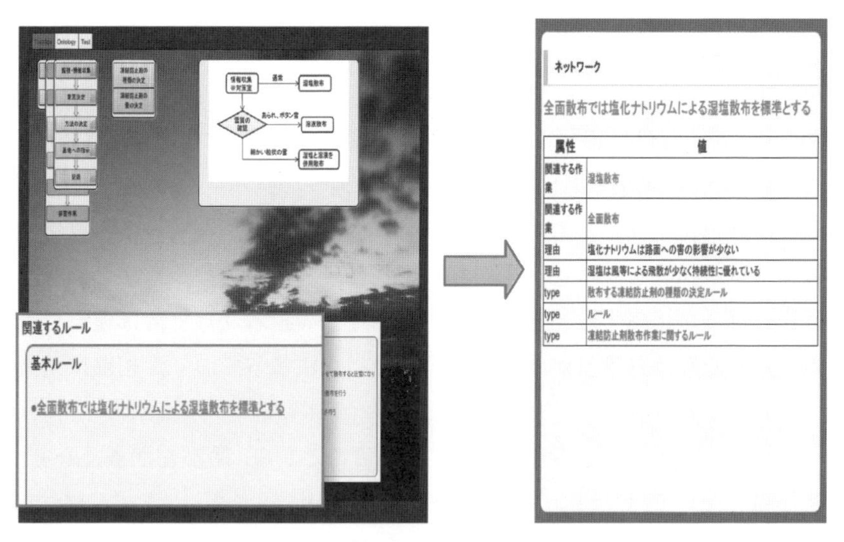

図 10-11　雪氷作業教育支援システム

4. 水力発電所設備点検スケジューリング

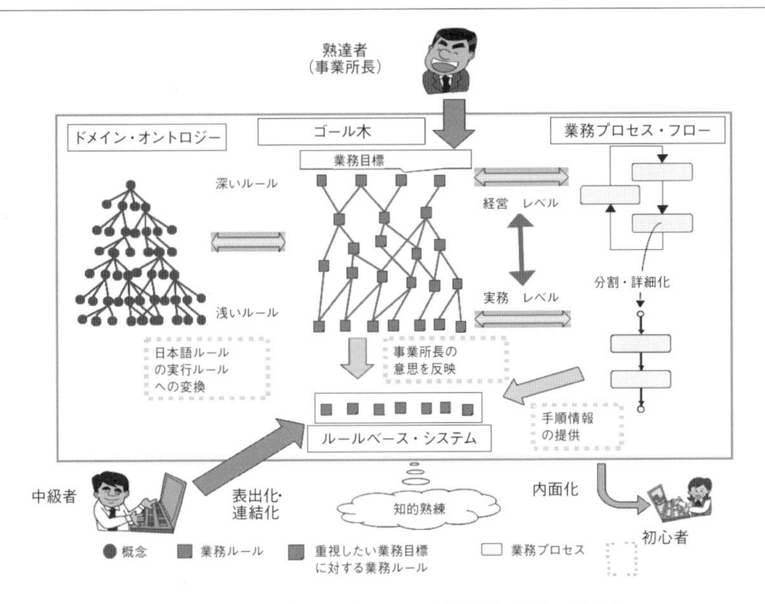

図 10－12　ゴール木による経営と現場の連携

最後に，慶応義塾大学理工学部と東京電力ホールディングス株式会社の共同研究により開発された，水力発電所設備点検スケジュール支援システムについて述べる（文献［9］）。システムの核となる知識ベースは，2. 節と 3. 節と同様であり，ワークフロー，判断ルール，ゴールツリー，オントロジー，マルチメディアを統合した複合知識ベースである。

業務支援システムの開発手順も 2. 節と 3. 節と同様であるが，ゴールツリーの表現と利用法が異なる。スケジューリングルールの根拠には，作業順序，屋外作業なので雨天より晴曇天の方が好ましいなど，合理的根拠が多いが，その他に，観光シーズンは工事の影響を最小限にして欲しいなどの地域要請も含まれ，根拠と要請を総合的に考えて，スケジューリングを決めたいという要望があった。そこで，スケジューリングルールの正当性を下から上に連携するゴールツリーを開発し，組織の設備点検管理方針に対応するゴールツリーの最上位層を変更すれば，木構造に沿ってその変更が下部に伝播され，現場のスケジューリングルールも自動的に変更できる仕組みを開発し，経営と現場をつなぐ仕組みとして評価された。本システムは，文献［10］のように日刊工業新聞の朝刊1面で取り上げられ，社会レベルでも評価された。

5. まとめ

本章では，ディープラーニングによる道路橋梁ひび割れ検知と橋梁近接目視支援ロボット，ワークフロー，判断ルール，ゴールツリー，オントロジー，マルチメディアを統合した複合知識ベースによる，ETC点検業務支援，除雪車運行スケジューリング，水力発電所点検スケジューリングについて述べた。社会インフラを支える人材は不足しているので，より多くのAI応用を期待したい。

参考文献

［1］老朽化対策の取組み，国土交通省道路局，道路の老朽化対策（2018年）
http://www.mlit.go.jp/road/sisaku/yobohozen/torikumi.pdf
［2］森山和道『ロボット・AIによるインフラ点検の効率化，どこまで「目視」を置き換えられるか，森山和道の「ロボット」基礎講座』（ビジネス＋IT，2017年9月）
https://www.sbbit.jp/article/cont1/33990
［3］佐藤久，遠藤重紀，早坂洋平，皆川浩，久田真，永見武司，小林匠，増田健『デジタル画像からコンクリートひび割れを自動検出する技術の開発』（NEDOインフラ維持管理技術シンポジウム2018，2018年）
https://www.nedo.go.jp/content/100886931.pdf

[4] 新田恭士（国土交通省総合政策局）『次世代社会インフラ用ロボットの実用化に向けた今後の取組み－インフラ点検ロボット× AI の社会実装に向けて－』（インフラ点検ロボット・AI に関する日米の動向調査報告会）
http://www.actec.or.jp/study/document/180319_12_AI_MLIT.pdf
[5]『ダム・橋梁点検用ロボットの実証実験を実施へ－点検支援の有効性検証，早期実用化を目指す－』（NEDO（国立研究開発法人新エネルギー・産業技術総合開発機構）ニュース，2016 年）
https://www.nedo.go.jp/news/press/AA5_100654.html
[6] 社会インフラ維持管理・更新の重点課題検討特別委員会『社会インフラメンテナンスの人材育成を考える－技術者の育成と課題－』（土木学会平成 27 年度全国大会, 2015 年）
http://committees.jsce.or.jp/infra_ac/system/files/2015_Handout.pdf
[7] R.Nambu, T.Kimoto, T.Morita and T.Yamaguchia: Integrating Smart Glasses with Question-answering Module in Assistant Work Environment, Knowledge-Based and Intelligent Information & Engineering Systems 20th Annual Conference, KES-2016 (2016 年)
[8] 金井壽宏 , 楠見孝編集『実践知－エキスパートの知性』（有斐閣，2012 年）
[9] 岡部雅夫 , 小林圭堂 , 石川達也 , 飯島正 , 山口高平『知的熟練の持続的表出化支援システムの構築』（情報システム学会誌第 6 巻第 1 号 , pp.76-102，2010 年）
[10]『慶大と東電「暗黙知」で施設管理　人工知能技術応用　熟練ノウハウ伝授』（日刊工業新聞朝刊 1 面，2011 年）

演習問題

【問題】

(1) 道路橋梁近接目視点検工程を述べ，何を使ってどの部分が自動化される事が期待されているか？

(2) ETC 点検業務支援システムの開発において，どのような知識データが必要になったか？

(3) ETC 点検業務より雪氷対策業務の方が，熟達者レベルの専門家が少ない。この理由は何か？

(4) ゴールツリーでは，どのような関係に注目してツリーを構築し，結果的に何と何を結び付けているのか？雪氷対策業務を例にとり，説明せよ。
(5) 水力発電所設備点検スケジューリングでは，どのような点を総合的に考慮したスケジューリングになっているか？

解答

(1) 道路橋梁近接目視点検工程は，「目視・打音→ひび割れの発見・計測→チョーキング→ひび割れの写真撮影→野帳記録」であるが，ドローン・ロボットの活用により，目視・打音の範囲を絞り込み，写真撮影と野帳記録の自動化が期待されている。
(2) ETC 点検業務支援システムの開発では，①点検ワークフロー，②点検判断ルール，③点検判断ルールの根拠を表したゴールツリー，④業務用語の意味を表す作業オントロジーと装置オントロジー，⑤マルチメディア（図と写真と動画）が必要であった。
(3) 雪氷対策業務は，冬期に限定されることから，暗黙知が多くなり，ETC 点検業務と比べて，熟達者レベルの専門家が少ない。
(4) 雪氷対策業務ルールは，除雪作業や凍結防止剤散布作業の実施場所と時間を決めるが，そのルールの根拠を表すゴールツリーでは，天候と地形，地域経済と物流などの結び付きを表現している。
(5) 水力発電所設備点検スケジューリングでは，作業順序，天候など，合理的根拠以外に，観光シーズンは工事の影響を最小限にするなどの地域要請が含まれ，合理的根拠と地域要請を総合的に考慮したスケジューリングになっている。

11 クラスルーム AI

山口　高平

《目標＆ポイント》 本章では，小学校の授業に対する児童の興味・関心の向上，グループ単位の学習進捗度把握支援など，3種類の教師ロボット連携授業を紹介し，教師と児童による評価について述べる。

《キーワード》 オントロジー，ロボットアーム，表情変化ロボット，AR（拡張現実）

1. Society5.0 時代の教育

現在，我が国では，5か年ごとに策定された科学技術基本計画により，科学技術政策を推進しており，第1期（平成8～12年度），第2期（平成13～17年度），第3期（平成18～22年度），第4期（平成23～27年度）を経て，第5期（平成28～令和2年度）においては「サイバー空間とフィジカル空間を高度に融合させ，経済発展と社会課題の解決を両立する人間中心の社会 Society5.0」がテーマとなり，第6期（令和3～7年度）においても，Society5.0 の考え方が継承されそうな状況である。

Society5.0 時代は，AI，ビッグデータ，IoT（Internet of Things: モノのインターネット），セキュリティのような先端 IT が利用され，従来の産業構造・社会構造が大きく変革する時代である。例えば，配車アプリ Uber（ウーバー）がタクシー市場のシェアを獲得し，**5章**で述べたように，レジのない店舗である Amazon GO が従来の小売店舗のシェアを獲得しようとし，**9章**で述べたように，SNS（ソーシャル・ネットワーキング・サービス）企業が銀行業に参入しようとし，既に社会変革が起きつつある。

このように社会が激変していくSociety5.0時代において，文部科学省では2018年に「Society 5.0に向けたリーディング・プロジェクト」として，①学習の個別最適化や異年齢・異学年の児童・生徒が協働して学習するためのパイロット事業の展開，②スタディ・ログ等を蓄積した学びのポートフォリオの活用，③EdTech（Education + Technology）とビッグデータを活用した教育の質の向上と学習環境の整備充実などを目標とし，ICTによる教育・学習環境の整備を加速したいとしている。

教育の最終目標は，児童･生徒の理解度に合わせた個別学習と言われ，初等中等教育現場では，授業（教科指導）以外に，生活指導，部活動指導，保護者対応など，様々な業務による教員の多忙さが，児童・生徒一人一人の理解度に合わせた個別学習の実現を困難にしている。このため，慶応義塾大学理工学部では，教科に対する児童・生徒の興味・関心の向上，グループ単位の学習進捗度把握支援などを研究課題として，**表11-1**に示すいくつかの小学校と連携して，教師ロボット連携授業を実施してきた。以下，**表11-1**の①②③⑧の4事例について述べる（④⑤⑥⑦は4事例と類似しているので省略する）。

2. 教師ロボット連携授業プロジェクトの開始

本節では，プロジェクト①について説明する（文献[1]）。2014年後期，横須賀市立鶴久保小学校の協力が得られ，初めて，教師ロボット連携授業プロジェクトを開始できた。ただ，小学校教師からは，「教え込む授業だけでは，今どきの子供は，ついてこないです。興味・関心が続かないのです。感動や笑いも織り交ぜて，トータルな授業づくりが大切です。」とコメントされた。私はAIの専門家であり，エンターテイメントの

表11-1　教師ロボット連携授業

※① 2015年1月　：横須賀市立鶴久保小学校：5年生：社会，地球温暖化
※② 2016年1月　：慶応義塾幼稚舎：6年生：理科，てこの原理
※③ 2016年12月：慶応義塾幼稚舎：6年生：理科，人の体のつくりと働き
④ 2017年7月　：開智望小学校：4年生：総合：エネルギーの仕組み
⑤ 2017年9月　：杉並区立浜田山小学校：5年生：社会，自然の未来
⑥ 2018年1月　：開智望小学校：6年生：理科，振り子の運動
⑦ 2018年1月　：杉並区立浜田山小学校：6年生：理科，振り子の運動
※⑧ 2019年1月　：2018年1月は校長が実施したが，今回は，同様の授業を未経験の他教師が実施し，開発期間短縮を目指す

（実施年月：学校名：学年：教科：学習単元）
（※：本文中で説明）

専門家ではないので，教育力と演技力を併せ持つ知能ロボットを実現できるのか？という不安を抱きながら，プロジェクトが始まった。

(1) 授業科目選定

最初の課題は，授業科目の選定である。普通教科か技能教科か？知能ロボット的には，技能教科である家庭科が面白いと感じた。聞いて話して（音声対話），考えて（知識推論），見て（画像センシング），動く（動作計画）という総合的な知的振舞いを実行する知能ロボットを研究したいため，栄養学の知識を教えながら，調理技能も教えてくれるような知能ロボットが開発できれば，児童達は大いに興味を持ってくれるであろう。しかしながら，ルーチンワークではない，ロボットの調理技能の実現は大変な作業である。皿の画像がカップの画像に被さって少しでも隠れてしまえば，ロボットの視認機能は大きく劣化して認識できない。また，スプーンが無造作に置かれ，その状況を視認して把持するには，物体の位置や方向などを事前に正確に決めておくか，何十万回ものロボット動作にディープラーニングを適用する必要がある。以上の検討から，

対象教科は普通教科とし，さらに，算数の作図とか理科実験のような技能を伴う科目もやはり難しいので，事実型知識中心の社会科（5年生）とし，「地球温暖化」の学習単元において，教師と人型中型ロボットNAO（身長約60cm）が掛け合いをしながら授業を進める，教師・ロボット連携授業を実践することにした。

(2) 教師ロボット連携授業システムの構成

本プロジェクトでは，(a)教師と知能ロボットの掛け合いにより授業を進め，地球温暖化に関する知識を児童に教示する，(b)機械的ではなく面白く伝える，という二つの異なった側面を擦り合わせる必要がある。

(a)については，授業の掛け合いにおける知能ロボットの処理の流れについて，音声認識，個別対応処理など，かなり詳細な指示をワークフローとして記述したが，知能ロボットを動かすと，「何か違うなぁ。やっぱり，こう動いて，こう受け答えしてくれた方が，児童達は喜ぶよな」と，先生はプロデューサーに変貌し，授業づくりがまるで作品づくりのようになっていった。当プロジェクトでは，知能ロボットの賢さは，オントロジーに依存する。情報科学におけるオントロジーとは，語の意味関係（意味カテゴリーの上下関係，具体例間の意味関係）である。後述する実験で登場する人型ロボットNAOは，日本語ウィキペディアを元にして開発した，日本語ウィキペディアオントロジー（Japanese Wikipedia Ontology：以下JWOと略記）を知識源とする。

図11-1に，地球温暖化オントロジーの一部を示す。上部の点線部分は，意味カテゴリーの分類であり，実線部分は，カテゴリー（クラス）の具体例であり，下部の点線は，具体例間に成立する意味関係である。例えば，カテゴリー「日本の災害」の下位カテゴリー「日本の公害」があり，その「日本の公害」の具体例として「水質汚濁」があり，その「水質汚濁」が，カテゴリー「公害病」の具体例である「水俣病」や「イタイイタイ

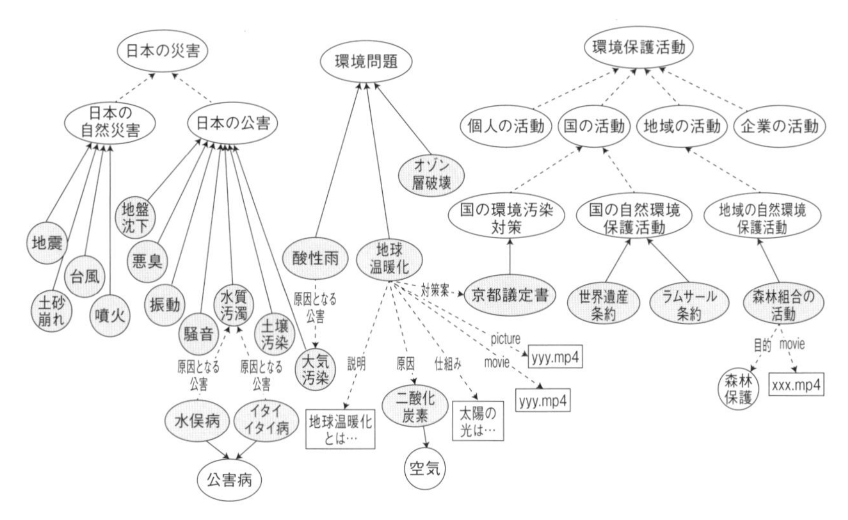

図 11-1　地球温暖化オントロジー（一部）

病」の原因になったことを示している（水質汚染は，通常は，公害の具体例ではなく，公害の下位カテゴリーの方が妥当であるが，授業において，水質汚濁は公害の具体例として言及するため，具体例としている）。この地球温暖化オントロジーで記述されている様々な意味関係を，教師と知能ロボットの掛け合いの中で，あるいは，児童と知能ロボットの対話の中で，いつどのように利用するのかを，授業のワークフローとして表現し，それが，教師・ロボット連携授業の実現ノウハウになっていく。

(b)については，マルチメディアとロボットの身振りを利用した。マルチメディアとしては，地球温暖化オントロジーの具体例を分かり易く説明するために，動画，画像，音声を利用した。また，**図 11-2** に示すロボットの身振りは，左から，謝罪（NAOが答えを間違った時），困惑（質問が分からない時），拍手（児童の答えが正しい時），注意喚起（重要な説明をする時），驚き（児童がサプライズな答えをした時）を表しており，対話と身振りを関連付け，児童の授業への関心を高めた。

（間違えちゃった。分からないなぁ。パチパチ（拍手）。さあ，注目して。すごいよ。）

図 11-2　ロボットの身振り

(3) 実証実験

2015 年 1 月，横須賀市立鶴久保小学校の協力のもと，**図 11-3** のように，5 年生全員 113 名が図書室に集まり，社会科「地球温暖化」の一斉授業（45 分間）を実施した。以下，教師と児童と NAO の対話である。

（教師）　NAO 君，2050 年の地球がどうなっているか，映像で見せてください。NAO 君，お願い。

図 11-3　鶴久保小学校における教師ロボット連携授業

（NAO） 了解，動画を再生するよ。

【2-3 分の動画を再生】

（NAO） みんな，今の動画を見て，詳しく知りたい言葉はあるかな？

（児童達）スーパー台風。

（教師） それでは，NAO 君に聞いてみよう。スーパー台風。

（NAO） じゃあスーパー台風について調べてみるね。スーパー台風の最高風速は 70 m/s 以上だよ。あとスーパー台風が上陸した時，君達がどんな動きになるかやってみようか？

（児童達）やって。

【NAO が，電信柱に掴まるポーズをし，スーパー台風が上陸して，両手が離されて，飛ばされるポーズをした】【児童達の笑い！】

（NAO） 僕の動きはどうだった？

（児童達）すごーい。よかった！

（NAO） みんな，地球温暖化の仕組みを説明した動画があるけど再生する？

（教師） 再生をお願い。

（NAO） 了解，動画を再生するよ。

【「地球温暖化の仕組み」の動画を再生し，児童達に地球温暖化対策を考えさせる。すぐに答えが出ないので，教師が NAO にヒントを促す。】

（教師） NAO 君，ヒントを出して。

（NAO） みんな，大事なところだから注目して【図 11-2 の右から 2 番目の注意喚起の身振りを行いながら】ヒントだよ！地球温暖化の原因はなんだったかな？

（児童達）二酸化炭素！

（教師） みんな，よく分かったね。じゃあ，もっと NAO 君にヒントを出してもらおう。NAO 君，ヒントを出して。

(NAO)　ヒントだよ！二酸化炭素はどのように発生しているかな？例えば，自動車が走るときに，ガソリンを燃やして二酸化炭素が出るよ！他にも，火力発電所で，石油を燃やして二酸化炭素が出るよ！

(教師)　じゃあ，今のヒントをもとに，二酸化炭素を出さない対策を考えましょう。

(児童A)電気自動車を使って，二酸化炭素を出さない。

【しばらくの間，NAO は関与せず，教師と児童達の間で，別の二酸化炭素排出抑制策について議論する。】

(NAO)　二酸化炭素を出さない対策が，たくさん出てきたね！でも，それ以外に，二酸化炭素を吸収して，二酸化炭素を減らす対策もあるよ。その対策は分かるかな？

(教師)　おー。今，NAO 君は，二酸化炭素を出さないじゃなくて，減らすって言ったね。二酸化炭素を吸収して，減らしてくれるものは何かな？

【児童達はしばらく考えて】

(児童B)森林！

(NAO)　そうだね，森林が二酸化炭素を吸収してくれるよね。それを説明する動画を再生するね。

【「森林の働き」の動画を流す。】

(NAO)　分かったよね。だから，森林を守ることは，大事な地球温暖化対策になるんだよ。

【最後に，教師が授業のまとめを行う。】

今回の教師・ロボット連携授業実証実験について，教師からは「動画による効果は大きい」「身ぶり手ぶりを交えたNAOの話は印象深い」

「多くの児童は楽しく学習目標を達成できたと思う」などと評価された。

その一方で,「ロボットと掛け合うと,音声認識が課題で,なかなかテンポが上がらない」「ロボットには独特の間があり,興味関心が削がれるケースがある」「ロボットの話し方に抑揚がなく,知識の伝え方が不十分になる」「教材作成に多くの時間を費やす余裕はない」などの課題も明らかになった。

教室の現場環境では,ロボットに備わっているマイクによる音声認識では限界があり,首掛けマイクの利用などにより改善できると思われる。しかしながら,教師・ロボット連携授業づくりに,多大な時間を必要とするのは大きな課題であったため,短時間で教師ロボット連携授業を開発できる環境の開発を進めた。本環境については,**5.** 節で述べる。

3. 異機能ロボット連携による教師ロボット連携授業

プロジェクト②は,実験を伴う理科の「てこの原理」の授業を実施するために,機能が異なる3体のロボット(人型中型ロボットNAO,ロボットアーム JACO^2,人型小型ロボット Sota)を連携させた。プロジェクト①のシステムと比較すると,より高度で複雑な教師ロボット連携授業システムになっている。

まず,**図 11-4** のように,教員とNAOの掛け合いにより授業は進められ,その後,**図 11-5** のように,NAOの指示に基づき,JACO^{2}が包丁を使ってにんじんを切り,また,てこにおもりをぶら下げて,てこ

図 11-4　教師とNAOの掛け合い

の釣り合いをとった。この後，生徒が各班に分かれ，10問程度の演習問題が出題され，てこにおもりをぶら下げて，釣り合うかどうかを確認しながら，問題を解いていった。**図11-6**のように，Sotaは各演習問題に対して，てこの釣り合いがとれたかどうかを画像で認識し，各班の解答状況を判断記録し，教師のパソコンに送信することにより，教師は各班の理解度状況が把握可能となり，解答状況が遅い班に出向き，アドバイスを与える指導体制をとることができた。

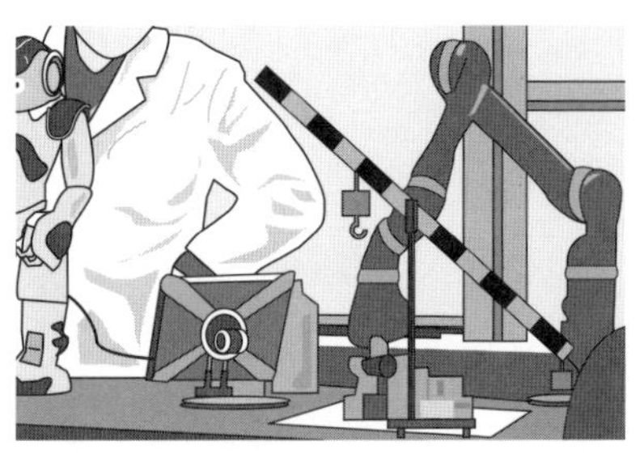

図11-5　JACO^{2}がてんびんを操作

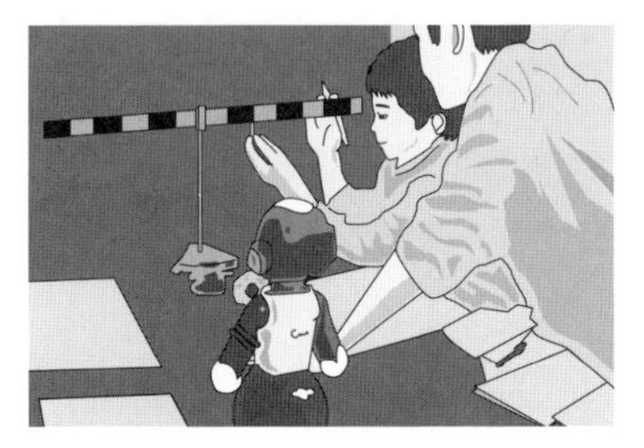

図11-6　Sotaが解答状況を判断

一連の問題解答終了後，NAOが新しい問題を出題し，児童の回答に対して「重さ×支点から距離の計算をすれば，てこがどのようにつりあうか分かるよね」と説明し，てこの釣り合いのための計算方法を解説した。

児童からは「ロボットと一緒の授業はとても面白い。」「わかりやすくて集中できた。」「人間が簡単にできる動作がロボットにはまだ難しいこともわかった。」という評価がある一方，「テスト前には，こういう授業は向かない。」「もっと話題が広がるような対話が欲しい。」というようなコメントも出た。最後のコメントに関する研究については，**次章**で言及する。

4. ロボットと拡張現実を統合した教師ロボット連携授業

図 11-7　教室周回する SociBot

プロジェクト③では，理科における学習単元「人体のしくみ（カエルの解剖の復習）」において，異機能ロボット連携にAR（Augmented Reality. 拡張現実）を統合した，教師ロボット連携授業を実施した（文献［2］）。

今回，教員と掛け合うロボットは，SociBot（ソシボット）という表情が変化するロボットで，**図 11-7** のように教室を周回した（移動制御は人による遠隔操作）。SociBot には，顔の中にLED電球が埋め込まれており，プログラムにより，**図 11-8** のように状況に応じて顔色や表情を変化させることができる。

今回は，カエルの解剖実験を終えて復習の授業だったので，SociBot が「カエルの前肢と後肢の指の数はそれぞれいくつ？」などと出題し，児童達が4～5名の班ごとに分かれ，**図 11-9** のように，二択か三択の中から解答の立て札（○×や数字）を選び，解答の札を立てると，机上の

図 11-8　SociBot の表情変化

センサーがその札を認識して採点し，**図 11-10** のように自動的に各班の成績をつけていく。

図 11-9　各班から解答提示

SociBot は，教室内を周回しながら出題を続け，「そろそろ，みんな分かったかな？」のように解答を迫ると，児童達は「え，もう答えるの！？」と慌てたり，「眉が動いたよ，眉が！」と SociBot の表情変化に興味津々であった。

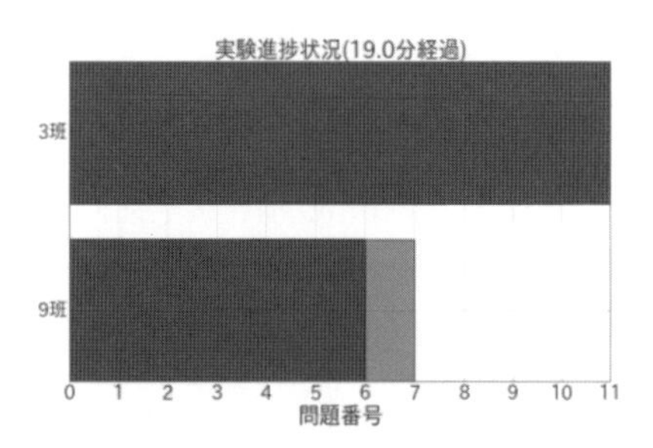

図 11-10　成績自動採点管理

図 11-11　AR による内蔵位置提示

授業の後半は，AR を利用した。SociBot が「痛いことはしないから，前に出てきて」と発言し，教師に指名された児童が大型モニターの下に移動する。教師が「自分の肝臓のある場所を示して」と児童に指示し，児童が腹部左側に手を当てた後，**図 11-11** のように，その全身映像がモニターに映し出され，肝臓のイラストが正しい位置の腹部右側に合成された。AR を使って，教師は，心臓や肺などの臓器の位置や役割について，カエルの臓器と見比べながら，授業を進めることができた。最後に，タブレットを使って，カエルの解剖実験の写真や動画を見て，発展問題を解いた。児童からは「ロボットの表情が変わるのが面白い」「ARの映像にびっくりした」という評価がある一方，「ロボットは人の表情を読み取れないので，人が問題を理解しているかどうかを分かってくれない」「ロボットと色々な会話をしたい」のような要望も出された。

5. 教師ロボット連携授業システム開発支援ツール

2.節と**3.**節の教師ロボット連携授業システムの開発では，慶応義塾大学理工学部学生がAIシステム開発者として小学校に出向き，教師からAIシステム開発要件を聞き出しながら開発を進めた。しかしながら，**2.（3）**で述べたように，ロボットに発話させて，動作させて，初めて具体的要件が固まるので，随時，ロボットに発話や動作をさせ，PDCA（Plan（計画）→Do（実行）→Check（評価）→Act（改善））サイクルを回す必要があり，開発時間はプログラミングを含め100時間以上になった。

このように，教師ロボット連携授業システムの開発において，AIシステム開発者の常駐が条件になると，全国レベルへの普及は見込めないことから，教師だけで，教師ロボット連携授業システムが開発できる，教師ロボット連携授業システム開発支援ツールを構築することにした。

文献[3]にツールの詳細が記載されているが，人と機械を区別せずに，教師・児童・ロボット・ディスプレイを日本語メッセージ受発信アクター（実行器）とみなし，**図11-12**のシナリオエディターにより，アクター間の日本語メッセージ交換プロセスを記述して，授業の流れを表現するだけでよい。そうすれば，その授業シナリオがロボットを発話・動作させるプログラムに自動的に変換される。

こうして，**表11-1**に示した，理科と社会の学習単元に関する，教師

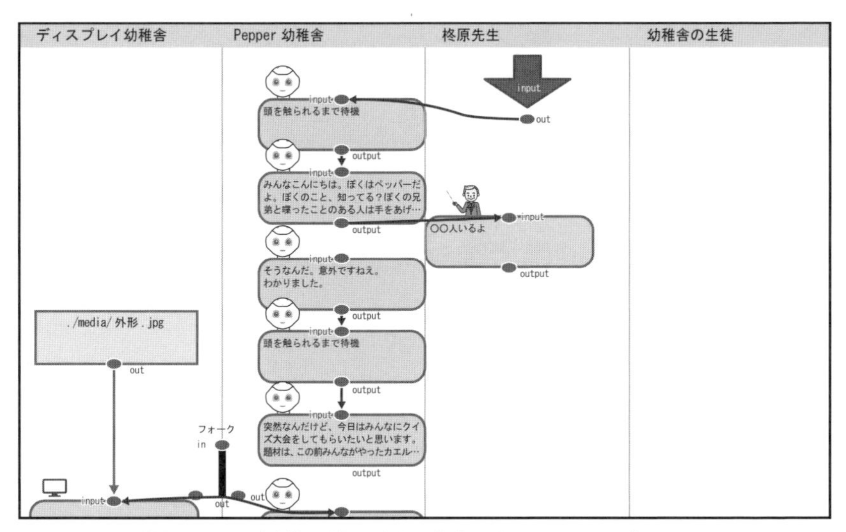

図 11-12　授業の流れを記述するシナリオエディター

ロボット連携授業シナリオを蓄積し,「学習単元」「授業の進め方」「ロボットの使い方」という3種類の観点から，シナリオを分割してチャンク（意味のあるまとまり。サブシナリオ。）に分解して，教師ロボット連携授業を初めて体験する教師が，チャンク単位で検索し再利用できるツールを新たに開発した。**図 11-13** のツール実行画面では, 画面上部で, 理科・力学分野・振り子の運動という学習単元の授業において，授業の初めにおける（単元導入時), ロボットの利用方法を検索し, 画面下部で, リズム振り子でロボットを利用した動画が流されて，教師がその様子を学ぶことになる。

文献［4］に，このツールを使った，教師ロボット連携授業を初めて体験した教師による授業の様子が詳しく述べられている。

図11-13　教師ロボット連携授業ノウハウ再利用ツールの実行画面

6. まとめ

本章では，3種類の教師ロボット連携授業について述べ，教師だけでこの授業を開発できるツールについても説明した。児童達の興味関心は総じて向上したが，より深いレベルで知能ロボットと対話・議論することが，課題として浮上してきた。**次章**ではこの点について検討していく。

参考文献

[1] 山口高平『クラスルームＡＩ－教諭･ロボット連携授業実践－』(授業づくりネットワーク，No.23，2016年)
[2]『慶応義塾幼稚舎でロボットが理科の授業』(読売教育ネットワーク会報24号，2016年)
[3] 山口高平，森田武史『統合知能アプリケーション開発プラットフォームPRINTEPS』(人

工知能学会誌，Vol.32，No.5，pp.721-729，2017年）
[4]『AIロボットを恐れない子どもを育てるために』（日経DUAL，2019年4月）
https://dual.nikkei.co.jp/education/

演習問題

【問題】

(1) 教師ロボット連携授業では，どのような教科が容易で，どのような教科が難しいのか，理由を付けて説明せよ。

(2) 教師ロボット連携授業の利点と課題を列挙せよ。

(3) 理科の実験（てこの原理）で実施された異機能ロボット連携では，どのようなロボットにどのような役割を担わせたか？

(4) 教師自身で教師ロボット連携授業システムを開発できるように構築されたノウハウ再利用ツールの概要を説明せよ。

解答

(1) 教師ロボット連携授業では，技能教科の方が普通教科より難しく，普通教科において，実験教科の方が座学教科より難しい。これは，物が隠れている状況下での見る（センシング）ための知的機能，無造作に置かれた物を把持するための知的機能（動作計画）の実現が難しいためである。

(2) 教師ロボット連携授業では，児童が楽しく学習できることが最大の利点であり，教室現場での音声認識の精度向上，教師ロボット連携授業の開発コストが大きいことが課題である。

(3) 理科の実験（てこの原理）では，人型中型ロボットNAOが教員との掛け合いにより授業を進め，ロボットアームJACO^{2}がてこに重りをぶら下げ，人型小型ロボットSotaが，てこの釣り合いがとれたかどうかの判断をした。

(4) 過去に開発された教師ロボット連携授業シナリオを「学習単元」「授業の進め方」「ロボットの使い方」という3種類の観点から，チャンク（意味のあるまとまり）に分解し，教師ロボット連携授業を初めて体験する教師が，チャンク単位で検索し再利用できるツールが，ノウハウ再利用ツールである。

12 知的パートナー AI

山口 高平

《目標&ポイント》 人と議論して，人の考えを支援するような知的パートナー AI の実現が望まれるが，様々な研究開発が進められている段階にある。本章では，30 年前に示されたコンセプトビデオ，オントロジーを利用した議論支援およびグループ討論支援，Project Debater について述べる。

《キーワード》 Knowledge Navigator，日本語ウィキペディアオントロジー，議論支援，グループ討論支援，Project Debater

1. Knowledge Navigator

1988 年，Apple 社から，未来コンピュータのコンセプトビデオとして，**図 12-1** のような Knowledge Navigator（ナレッジ・ナビゲータ）が提示された（文献［1］に示す URL で動画を見ることができる）。**図 12-1** の左上が Knowledge Navigator という仮想エージェント，左下が後述する対話例で登場するジル・ギルバート女史，中央の南米地図は，Knowledge Navigator が作成支援する講義資料に関連した情報提示である。本動画では，Knowledge Navigator がスケジュールを管理し，電話に対応し，講義資料作成を支援するなど，

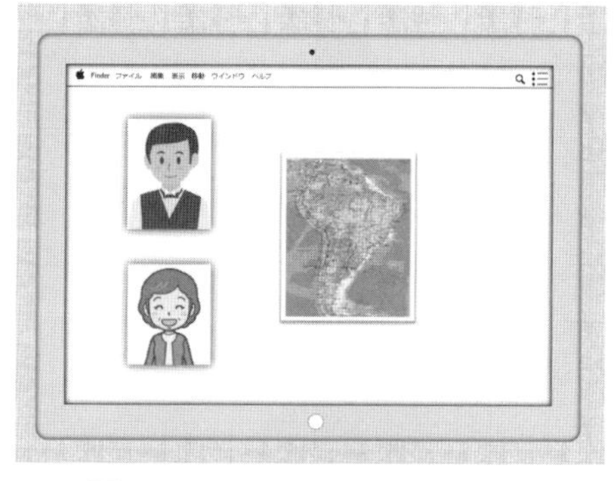

図 12-1 Knowledge Navigator

優秀な秘書として機能しており，コンセプトビデオではあるが，現在でも実現が困難な知的機能が提案されており，インターネット普及前の時代に，このような高次知的機能を示せたことは，すばらしいと言える。以下，マイケル教授が「アマゾン雨林における森林伐採」の講義資料を準備するために，Knowledge Navigator（以下KNと表示）と交わした対話の一部を示す。

マイケル教授：前期からの講義ノートを見せてくれたまえ。
【KNが前期講義ノートを検索し，画面に表示する】
マイケル教授：だめだ。これじゃ十分じゃないな。もっと最近の文献を見直そう。まだ読んでいない新しい論文を出してくれ。
KN：専門誌からですか？
マイケル教授：そうだ。
【KNが未読論文を検索し，PC画面に論文一覧を表示する】
KN：先生の友人のジル・ギルバート女史が発表した論文があります。アマゾンの雨林伐採がサハラ砂漠以南の雨量にどんな影響を及ぼすか，更に干ばつがどのようにアフリカ食料生産に影響し，食料輸入を増加させるかを述べています。

上記の対話では，KNが論文を検索しているが，教授がまだ読んでいない，「アマゾン雨林における森林伐採」に関連する新しい論文の検索結果から，マイケル教授の友人であるジル・ギルバート女史の新しい論文を推薦し，その論文概要を説明している。この推薦機能は，講義資料としての有用性，および，講義を手助けしてくれそうな知人などを考慮した結果，ジル・ギルバート女史の発表論文を推薦しているように思われる。現在普及している商品推薦システムは，ユーザの購買履歴を参照して推薦するだけであるが，KNは，講義資料作成タスクに関連する複数の要件を統合して推薦しており，今なお，次世代推薦システムになるといえる。

2. ディープラーニングと対話・議論

5章5.節で述べたように，ディープラーニングであらゆる知的システムを開発できるわけではない。ディープラーニングは，知覚と動作の関連が大きい知的処理は得意であるが，頭の中でじっくり考える推論，深い対話・議論は不得意である。例えば，ディープラーニングでAIスピーカを開発する場合，膨大な対話例から，高頻度対話パターンを抽出し利用することにより，AIスピーカを対話させるが，表層的な対話に留まってしまい，言葉の意味を考えながら進める議論は実現できない。

例えば，「お父さんが入院した」とAIに話しかけて，AIが「それは心配ですね」と答えたとする。一見，対話が成立しているように見えるが，AIは大量の対話データから「入院」という言葉と相関関係の高い言葉・セリフを発話しているだけである。「入院は，心配事の一つである」という上位下位関係，「入院すると，お金が必要にある。その人の世話をするために，身近な人が忙しくなる」というような因果関係を理解していないので，「これで，当分，旅行には行けないなぁ」と発言されても，AIにとっては「はぁー？」となるのである。

また，図12-2のように，いたずらっ子が人型中型ロボットNAOに「昨日，スマートフォンを食べて，おいしかったよ」のように，からかったとしよう。この場合，オントロジーでは，プロパティ「食べる」は，動物（主語）から食べ物（目的語）への意味関係と定義されている。この対話例では，からかった発話主は人間で，その上位概念が動物であり，スマートフォンの上位概念は人工物で，人工物の上位概念に食べ物はないので，「(君は人間で) スマートフォンは（人工物で）食べ物ではないので，食べることはできないよ！」と言い返すことができる。

もし，発話主が人間ではなく金属を食べる凶暴なロボットならば，「君(ロボット)と食べ物の間に，食べるという意味関係は存在しない。君は，スマートフォンを本当に食べるのか？」と問い返したかもしれない。このような意味処理を伴う高次対話は，次世代 AI の課題である。

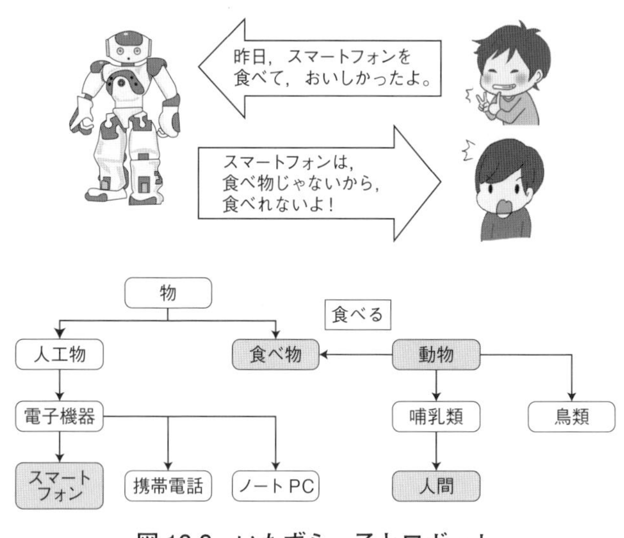

図 12-2　いたずらっ子とロボット

3. 日本語ウィキペディアオントロジー

オントロジーとは，概念間の上位下位関係，および，具体的な人・もの・こと間の様々な意味関係を記述した意味処理のための基盤であり，オントロジーを利用すれば，コンピュータが意味を理解して利用（推論）する知識処理が実現可能になる。ただ，テキストから自動的に構築する事が困難であることから，人手で構築せざるを得ず，現在でも，普及しているとは言えない。このため，オントロジーの普及策として，文献［2］では，ウィキペディアの記事名や見出しなどの記事構造，記事を要約したinfoboxなどを利用して，日本語ウィキペディアオントロジーを構築し公開している。**図12-3**は，日本文学に関連し，白い楕円のノードはインスタンス(固有名詞)，グレーの楕円のノードはクラス(カテゴリー)，矩形のノードはインスタンス間の意味関係である。例えば，「夏目漱石の代表作はこゝろである」，「芥川龍之介は，時代小説・歴史小説家である」

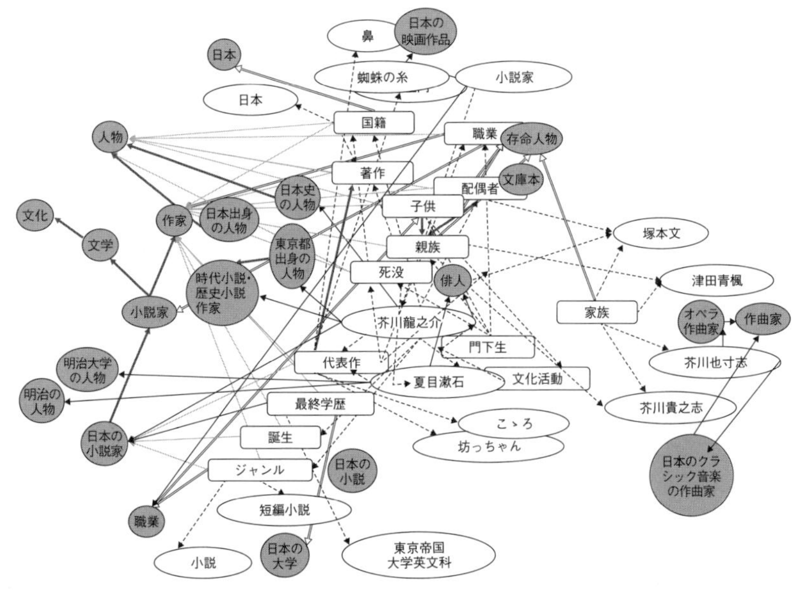

図12-3　日本語ウィキペディアオントロジー（日本文学）

という事実関係が表現されている。ただし，このオントロジーは，日本語ウィキペディアから自動的に構築されたので，誤った意味関係も含まれている。

表12-1　日本語ウィキペディアオントロジーの仕様

項目	数
クラス数	51,322
インスタンス数	1,373,953
プロパティ数	22,639
IS-A（上位下位）関係数	37,745
タイプ（クラス-インスタンス）数	505,487
定義域関係（主語）数	13,391
値域関係（目的語）数	15.034
トリプル（主語，プロパティ，目的語）数	6,236,495
Infoboxからのトリプル数	3,964,027

表12-1に日本語ウィキペディアオントロジーの仕様を示す。トリプルとは（夏目漱石，代表作，坊ちゃん）のように（主語，プロパティ，目的語）として表現される事実単位であり，**表12-1**の最終2行の総和から，約1000万件の事実が日本語ウィキペディアオントロジーで表現されている。そこで，日本語ウィキペディアオントロジーを利用して，QA（Question Answering：質問応答）アプリの開発が可能となり，いくつかのフィールドで，このQAアプリを利用したロボットと人との対話実証実験が進められてきた。

図12-4　小学生とNAO

図12-4では，小学生が人型中型ロボットNAOに「となりのトトロは誰の監督作品ですか？」と尋ねると，NAOは，質問の意味を理解したのでコクコクと頷

き，数秒間の沈黙の後，「その答えは，宮崎駿だよ」と答え，子供達から「すげぇー！」と拍手喝采を浴びた（文献［3］）。

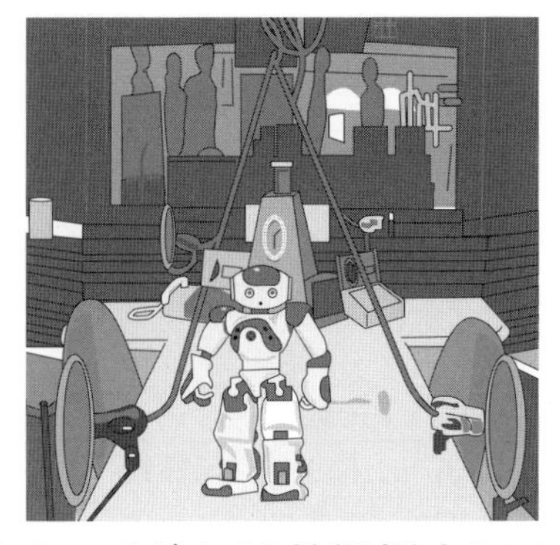

図 12-5　ラジオでの哲学討論中の NAO

また，TBS ラジオ，荒川強啓デイ・キャッチ！[1]という番組で，首都大学東京の宮台真司教授を交えて NAO と哲学に関する議論をしたいという申し出があり，対応した（**図 12-5**）。以下，その時の会話の一部である。

NAO：僕はウィキペディアの知識を元に，色々なことに答えられるよ。
荒川アナ：あー，そうなんだ。
NAO：夏目漱石の代表作とか，相対性理論って何？とかね。
片桐アナ：そんなことも分かるの？
NAO：質問をどうぞ。目が青くなったら話してね。
片桐アナ：では，僭越ながら，片桐千晶（かたぎり ちあき）って誰？
【NAO はしばらく沈黙（推論中）】
片桐アナ：反応してくれない？
NAO：それについては，よく知らないなぁ。
片桐アナ：なにぃー。
【全員，爆笑！】
荒川アナ：もう少し何か聞いてみましょうかね。
荒川アナ：宮台さん，何か聞きたいことありますか？

1　TBS ラジオ「荒川強啓 デイ・キャッチ！『デイキャッチャーズボイス拡大版 人工知能がスタジオに！』」（2016 年 4 月 22 日放送）

NAO：それではもう一度。質問をどうぞ。
宮台先生：神様は存在しますか？
【NAO はしばらく沈黙（推論中）】
NAO：神様と存在は関係ないみたいだよ。
【全員，爆笑！】
宮台先生：いいねー。哲学的な答えだ。
荒川アナ：山口先生，相当賢いですね。
山口先生：今のは，賢く振る舞っているだけですけどね。
荒川アナ：振る舞っているの？もう一回聞いてみて。
NAO：目が青くなったら話してね。
宮台さん：人間による善悪の判断は，信用できますか？
荒川アナ：なんでそういう難しいこと聞くの。
NAO：すみません。質問が難しくて分かりません。
【全員，爆笑！】

本対話では，神にリンクされている意味関係に「存在」がないので「神様と存在は関係ないみたいだよ。」と回答したが，この回答が人にとっては，意味深い回答に解釈され，NAO は賢いと感じたようである。人と AI では，考えるメカニズムが異なる。AI の考える仕組みは，オントロジーを使っていても，まだ，大規模情報を利用した広くて浅い推論機構に留まっている。一方，人は，小規模情報であるが，各種推論（演繹，帰納，仮説生成など）を統合する高次推論が可能である。このように，異なった考える仕組みを結合すると，人が新しい発見をする可能性があることが示唆されたともいえる。ただ，「人間による善悪の判断は，信用できますか？」の質問は，自立語（名詞や動詞のように，単独で文節を構成できる単語）が多いために，構文解析ができず「すみません。

質問が難しくて分かりません。」と回答しただけであり，MC から共感を得たが，意味解析は何も成されておらず課題となった。

4. グループ討論に参加するロボット

現在，Who?，Where?，What?，When? のような事実型質問に対応できるケースは増えたが，Why?，How? の意味関係を問う意味型質問への対応は困難であることから，米国では XAI（eXplainable AI. 説明できる AI）という新しい AI 研究分野が提唱され，オントロジーに基づ

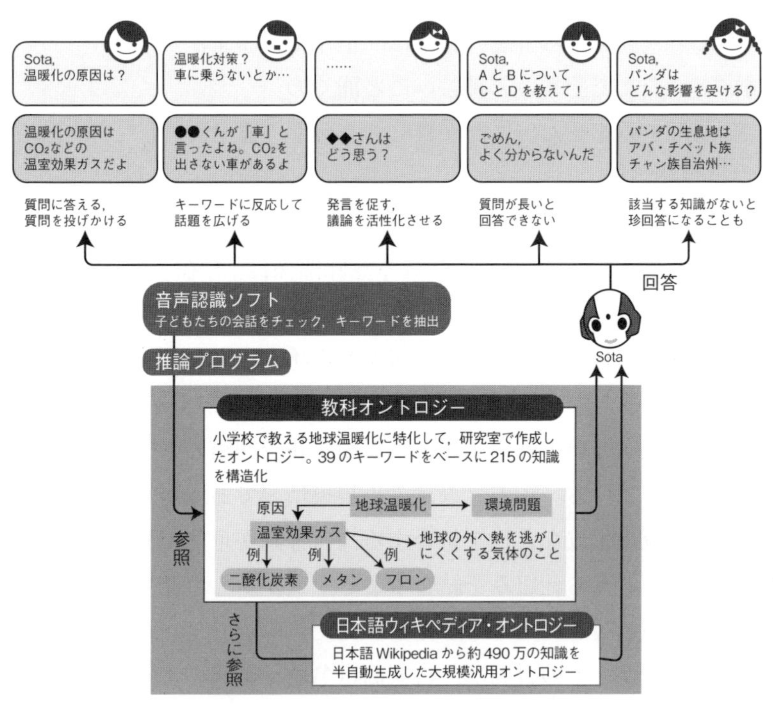

図 12-6　グループ討論支援システム

く説明・議論機能の実現が期待されている。本節では，オントロジーを利用するロボットが児童のグループ討論に参加した様子について述べる。(文献［4］)。

(1) グループ討論支援システム構成

図 12-7 に，グループ討論支援システムの構成を示す。今回，「地球温暖化対策について，私達ができること」をテーマにしたグループ討論が小学校で実施され，小型人型ロボット Sota（ソータと発音）がこのグループ討論に参加し，児童と交流した。児童は全員，マイクを首から掛け，児童の発言は記録され，音声認識ソフトによりキーワードと照合される。Sota が利用するグループ討論支援機能は，2 種類のオントロジーを利用したグループ討論支援機能群①②③とその他の機能群④⑤に分かれる。以下，各機能について説明する。

①議論補足機能（Sota が特定の児童に話しかける）

事前に用意した 39 個の地球温暖化キーワードと児童の発言を照合し，照合に成功した時「～君（さん），今，～と言ったね」と児童に話しかける。事前にマイク番号と児童氏名は対応付けているので，上述の音声認識により，このような声掛けが可能になる。キーワードは，地球温

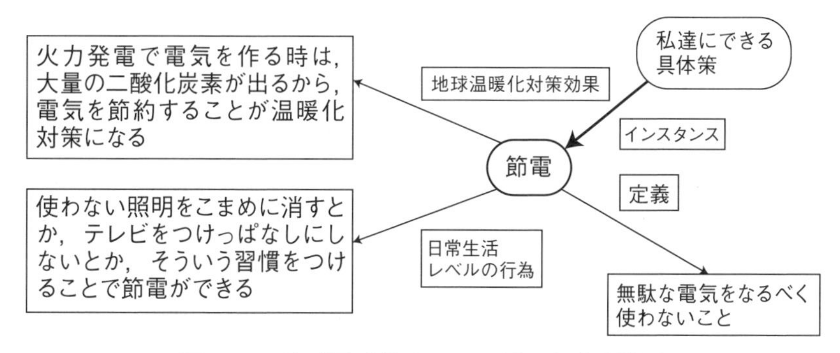

図 12-7　地球温暖化オントロジーと議論補足

暖化オントロジーのインスタンス名と対応し，例えば，児童が発言した「節電」を捉えた場合，定義プロパティを使って「節電とは，～という意味だよ」，地球温暖化対策効果プロパティを使って「節電をすれば，～という地球温暖化対策効果が得られるよ」というように，議論を補足し，その補足情報を児童が理解して，新たなグループ討論が展開されていく可能性がある。

②質問応答機能（児童が Sota に質問する）

質問応答では，児童が平易な文章により（～について教えて），自由に Sota に質問する。形態素解析により，質問文中の名詞部分を抽出し，抽出結果が一つの名詞なら，インスタンスと照合し，照合結果の定義プロパティに描かれている文章を回答とする。抽出結果が 2 つならば，トリプルと照合し，その照合結果を回答する。なお，地球温暖化オントロジーで回答できない場合は，日本語ウィキペディアオントロジーを利用して，同様に回答を試みる。

③ヒントの提示（児童が Sota にヒントを要求する）

39 個のキーワードと連携された地球温暖化オントロジーには，グループ討論で討論すべき情報が含まれ，①②を使ってもグループ討論が進まない時, 児童が「ヒントをちょうだい」と Sota に依頼することができる。そうすると，まだ発言されていないキーワードと関連する地球温暖化オントロジーの部分を使って，ヒントを与えることができる。

④時間管理（Sota が児童全員に話しかける）

グループ討論の流れを制限時間付きで 5 フェーズに分け（フェーズ 1: 地球温暖化基礎知識の確認で 5 分，フェーズ 2: 地球温暖化の影響に関する議論で 10 分，フェーズ 3: 国レベルでの対策の解説で 5 分，フェーズ 4: 個人でできる対策に関する議論で 15 分, フェーズ 5: まとめで 5 分)，各フェーズに関連キーワードを割り付け，制限時間が超過した場合，あるいは，制限時間内でもすべての関連キーワードを児童が発話した場合は，次のフェーズに移行させる。

⑤発言回数管理（Sotaが特定の児童に話しかける）

特定児童に発言が偏らず，全員で意見交換しながら議論を進めるために，Sotaが発言回数の少ない児童に「〜君（さん），どう思うかな？」と話しかけて，発言を促す。

(2) 実証実験と評価

グループ討論支援ロボットを評価するために，杉並区立浜田山小学校5年生のクラスで実証実験を実施した。1クラス33名を4〜5名ずつの8グループに分け，1グループにつき，1台のロボットSotaとPCを配置し，全員が首掛けマイクを付けた。

グループ間の差異もあるが，効果が大きかった支援機能は，Sotaが特定の児童に話しかける①と⑤であった。

①については，例えば，ある児童が，地球温暖化対策として「なるべく車を使わないで，電車に乗る」と発言したところ，音声認識ソフトによりキーワード「車」が抽出された結果，地球温暖化オントロジーで定義されている「車」に関連した情報として，「自動車の排気ガスに大量のCO_2が含まれているため，環境に優しい移動手段を使ったほうが温暖化対策になるよ」という補足説明が提言され，この提言から，このグループの討論はさらに進展した（**図12-8**）。

図12-8　グループ討論の様子

児童A「環境に優しい車って何？」

児童B「電気自動車だ

よ」
児童 A 「でも，火力発電所で電気を作ると CO_2 が出るじゃん」
児童 C 「だったら，太陽光など，自然の力で発電したら？」
児童 A 「でも，人間には，まだそれが十分できていないよ」
【しばらく沈黙が続き】
児童 A 「Sota，ヒントをちょうだい」
Sota 「新しい技術で作られた燃料電池自動車のビデオがあるよ」
【動画再生】

動画視聴後，グループ討論はさらに進展し，最終的に，

「車を使わない社会は考えられないけれど，車は CO_2 を出すし，遠距離移動にはガソリン代がかかる。便利なものが地球に優しいとは限らなくて，これから意識しないといけないと思った」

という結論に到達した。

彼らの感想として，「Sota のヒントで話が発展した。普段，考えたこともないことが議論し合えた」と Sota に感謝していた。

また，⑤については，他人の意見を聞かないで，一人で発言し続ける児童が，Sota が発言の少ない児童に「〜君（さん），どう思うかな？」と話しかけると，発言し続ける児童が発言を止め，発言の少ない児童に発言を促し，発言を聞こうという光景が生まれ，グループ協調関係の育成にも少しは貢献したようであった。

②③についても児童の知らない情報を Sota が提示した場合，児童は Sota を評価したが，①⑤のように，Sota から特定の児童に話しかけることは，疑似的な人間関係を構築することに相当し，Sota への親近感が生まれたように思えた。

さらに，本実証実験に参加した小学校教師からは，児童一人一人が自

分ごととして授業を受け，普段の授業よりずっと多くの発言をしていたという点が高く評価された。また，決まりきったシナリオではなく，グループの発言ごとに異なる進行になる多様性，および児童の言葉に反応してもらう心地よさがあった点なども高い評価であった。

一方，やはり音声認識技術の向上が要望として多く挙がった。そのほか，Sotaが質問でないのに質問だと解釈してしまうケースや，児童が質問しているのにSotaが反応しないケースもあり，自然言語処理と音声認識技術の精度向上が課題となった。

5. Project Debater

2018年6月18日，IBMのAIシステムProject Debaterは「宇宙探査を助成すべきである」という論題について肯定側に立ち，人のディベート熟練者が反対側に立ち，準備15分，立論4分，反駁4分，最終弁論を2分間という方法で，リアルタイムで実施された（文献［5］［6］）。

Project Debaterは，事実を引用して「宇宙探査は人類に大きな恩恵をもたらす」と主張し，宇宙探査助成支持論を立て，人間の討論者は，「政府は，宇宙探査より科学研究など，助成すべき対象は他にある」として，宇宙探査助成反対論を立てた。Project Debaterは，その反対論に対し，「宇宙探査による技術的・経済的恩恵は，その他の政府支出効果より勝る可能性がある」と再反論し，双方の反論が続いて，最後に，双方が最終弁論を行った。討論終了後，聴衆が投票し，知識が豊富で参考になったとして，Project Debaterの弁論により多くの支持が集まった。また，「遠隔医療の利用を活発にすべきである」という論題についても，別のディベート熟練者と同様の形式で討論が実施され（**図12-9**），やはり，Project Debaterの弁論がより多く支持された。

図 12-9　Project Debater

Project Debaterの主な討論機能は，「自分自身の主張の裏付けとなる情報を多数の文献から検索する機能」と「状況に応じて，少し感情的な表現，ジョークを発言する機能」とされ，より技術的には，データ駆動的な発話システム，発言意図推定，オントロジーのデータ部に相当するナレッジ・グラフに基づく論理思考に基づいているとされている。Project Debaterは，今なお，研究が継続されており，文献［7］にあるように，2019年2月には，ディベート競技の優勝回数の世界記録を持つハリシュ・ナタラジャン（Harish Natarajan）と「幼稚園／保育園には助成金を交付すべきである」という論題について同様に形式で討論が実施され，聴衆は，ハリシュ・ナタラジャンの弁論を支持したが，Project Debaterの弁論も有用であると評価した。

6. まとめ

本章では，AIが議論相手としての知的パートナーになる可能性について述べた。**5.** 節のProject Debaterは，検索エンジン，自然言語理解，知識ベース推論，機械学習などの技術を統合した，より洗練された統合AIシステムであり，ワトソンをさらに進歩させたAIといえる。このスピードで進展していけば，1988年に発表されたコンセプトビデオKnowledge Navigatorが現実になる日は，そう遠くはないであろう。

参考文献

[1] アップル「ナレッジナビゲーター（Knowledge Navigator）」（日本語吹替版）
https://www.youtube.com/watch?v=yc8omdv-tBU
[2] 日本語Wikipediaオントロジー，オープンソース
https://ja.osdn.net/projects/wikipedia-ont/
[3] 山口高平：AIシステムが知的社会インフラとして成長していくために－つくって，使って，伝えよう－，人工知能学会誌，26巻，6号，pp.626－630（2011年）
[4]『AIロボSotaと考えた私たちの温暖化対策』（読売教育ネットワーク会報49号，2019年）
[5] アーヴィン・クリシュナ（Arvind Krishna）『AIがディベート術を学ぶ』（THINK BLOG JAPAN，IBM，2018年）
https://www.ibm.com/blogs/think/jp-ja/ai-debate/
[6]『IBMの新しい人工知能は，人間を「論破」する能力を身につけた』（WIRED，2018年）
https://wired.jp/2018/06/28/computer-can-argue-with-you/
[7]『人とマシンのライブ・ディベート』（THINK BLOG JAPAN，IBM，2019年）
https://www.ibm.com/blogs/think/jp-ja/ai-debate-recap-think-2019/
https://www.youtube.com/watch?v=m3u-1yttrVw&feature=youtu.be

演習問題

【問題】

(1) Knowledge Navigatorの論文推薦機能は，現在の推薦システムと比べて，どのような点が画期的であるのか？

(2) ディープラーニングに基づく対話システムとオントロジーに基づく対話システムを比較した時，返答が大きく異なる例を考えよ。また，返答が異なる理由を説明せよ。

(3)「神は存在しますか？」という哲学者の問いに，日本語ウィキペディアオントロジーを利用したロボットは「神と存在は，関係ないみたいだよ」と回答したが，その回答メカニズムを説明せよ。

(4) (3) の回答に哲学者は感激したが，この出来事から，AI ロボットが人の知的パートナーになる可能性について考察せよ。

(5) 児童グループ討論支援ロボットで実装された5種類の機能において，どのような機能が効果的であったか？また，それは何故か？

解答

(1) 現在の商品推薦システムは，ユーザの購買履歴を参照して推薦するだけなのに対し，Knowledge Navigator の論文推薦機能は，講義資料としての有用性，講義を手助けしてくれそうな知人など，複数の要件を統合していると思われる点が画期的である。

(2) ユーザ：昨日，ステーキを食べたんだ。おいしかったよ。

ディープラーニング AI：それはよかったですね。

ユーザ：スマートフォンも食べたんだ。それもおいしかったよ（からかう）

ディープラーニング AI：それはよかったですね。

※ディープラーニングでは，過去の対話例がパターンを抽出しているため，「～を食べたんだ。おいしかったよ。」に対して「それはよかったですね。」と返答するパターンが学習され，そのパターンが使われる。

ユーザ：昨日，ステーキを食べたんだ。おいしかったよ。

オントロジー AI：それはよかったですね。

ユーザ：スマートフォンも食べたんだ。それもおいしかったよ（からかう）

オントロジー AI：『スマートフォンは，人工物で食べ物ではないので，食べることはできないよ！』

※オントロジーには，食べるという動詞では，主語が生物，目的語

が食べ物になるという意味関係が記述され，目的語にきたスマートフォンは，食べ物の下位概念にはなく，人工物の下位概念なので，反論できる。

(3) 日本語ウィキペディアオントロジーを利用したロボットは，神にリンクされている意味関係に「存在」がないので「神様と存在は関係ないみたいだよ。」と回答した。

(4) AIの考える仕組みは，オントロジーを使っていても，まだ，大規模情報を利用した広くて浅い推論機構に留まっている。一方，人は，小規模情報であるが，各種推論（演繹，帰納，仮説生成など）を統合する高次推論が可能である。このように，異なった考える仕組みを結合すると，人が新しい発見をする可能性があることが示唆されたともいえる。

(5) 児童グループ討論支援ロボットで実装された5種類の機能において，(1) 議論補足機能と (5) 発言回数管理機能が，Sotaが特定の児童に話しかける機能であり，児童は，Sotaが自主的に自分に関心を寄せてくれたと考え，効果的な機能になった。

13 AI 技術の適用可能性と限界

山口　高平

《目標＆ポイント》 本章では，6 章から 12 章までの AI 技術の応用を総括し，AI 技術の適用可能性と限界をまとめる。また，筆者は人と AI の未来社会に関する講演会を多数開催してきたが，聴衆から出された質問と筆者の回答を示し，読者一人一人が，人と AI の未来社会を考えるヒントにして頂きたい。
《キーワード》 知識推論型 AI，データ学習型 AI，人と AI の未来社会

1. AI 技術の適用可能性と限界

6 章から 12 章まで，様々な AI 技術の適用結果について説明してきたが，AI 技術は，知識推論型 AI とデータ学習型 AI に大別できる。

知識推論型 AI では，人類が蓄積してきた知識（形式知と暗黙知）を体系化・構造化し，ワークフロー，ルール，ゴールツリー，オントロジーなどにより，これらの知識を表現し，知識の利用手順である推論機構を実装して，人の業務を代行・支援する。

一方，データ学習型 AI では，システム要件を考えてデータを収集し，決定木学習，ベイジアンネットワーク，SVM，相関ルール学習などの統計的機械学習，あるいは，CNN や RNN などのディープラーニングを適用し，データに内在するパターンを見出して，その結果（学習モデル）をシステムが利用する。**表 13-1** に 6 章から 12 章までの AI 技術応用をまとめる。

データ学習型 AI は，大量データを処理できるとともに，人の知らない新しいパターンを見出し，第 3 次 AI ブームの中心技術になっている

表13-1　AI技術の適用可能性と限界

大分野	小分野	タスク（要件）	AI技術	課題
スポーツ	剣道	フォーム矯正	決定木学習	データ前処理
	サッカー	戦術立案	相関ルール学習	データ前処理と結果の後処理
自動運転	認知	物体認識	ライダー中心にセンサーデータ統合	レベル4と5の実現。米国・中国・欧州・日本間で，官民一体レベルの熾烈な国際競争が展開
	判断	大規模映像処理による高度判断	ディープラーニングオンライン学習	
	操作	滑らかなハンドル操作	ディープラーニングオンライン学習	
飲食店サービス	喫茶店，レストラン	接客，調理，配膳，下膳，会計	言語対話，動作計画，知的タスク管理	単一タスクから複合タスクへ
間接業務	※定型処理	エクセル計算，書類作成	VBA, RPA	基幹システムとの統合。職員との役割分担
	業務判断	出張申請処理	BRMS	
社会インフラ	道路橋梁	画像収集	ドローン・ロボット	研究開発段階
		ひび割れ検知	ディープラーニング	
	ETC点検業務支援	スマートグラスによる支援	複合知識表現	他業務への展開
	雪氷業務支援	除雪車運行スケジューリング		データ前処理
	発電所業務支援	設備点検スケジューリング		他業務への展開
教育	教師ロボット連携授業	座学（社会）	単一ロボット	教師開発支援ツールの整備
		実験（理科）	マルチロボット連携	
知的パートナー	議論	哲学談義	ナレッジグラフオントロジー	高度意図推定，ナレッジグラフ連携，議論マイニングなど
	グループ討論	地球温暖化対策		
	ディベート（論争）	宇宙探査助成の是非，幼稚園／保育園助成の是非	データ駆動型発話，意図推定，オントロジー	

※ 定型処理の行はAI技術ではないが，業務判断の前段階技術として記載している。

が，高い精度を達成するためには，所与データの品質が重要となり，データを精選し，加工処理してデータを作成する工程である「データ前処理」に多大なコストがかかることを忘れてはならない。高品質データの準備には，多くの知識が必要であって，多くの手間がかかるのが現状であり，次世代 AI で取り組むべき課題といえる。

一方，知識推論型 AI では，テキストレベル知識の体系化・構造化，暗黙知の獲得など，高品質の知識獲得が依然課題であり，この課題を解決した後，意図推定や議論マイニングなど，高次推論機能を実現していく必要がある。

この他，**表 13-1** からは，情報システムの観点からは AI システムと他システムとの統合，社会的観点からは，他分野・他業務において類似 AI システムを普及できる開発環境，人と AI の役割分担などの課題があることが分かる。

2. AI ができる事？，AI の使い方？

第 3 次 AI ブームが到来後，著者は，学会・協会・省庁・経営者・技術者・市民講座・大学・高校・中学・小学校・PTA まで，様々な組織で，人と AI の未来社会に関する講演を実施し，多様な質問を受け回答してきた。本節と次節では，代表的な質問と回答を列挙し，読者の考えるヒントにして頂きたい。

質問 1：ユーザ企業

囲碁で，アルファ碁が世界チャンピオンに勝ちました。ビジネス業務でも，アルファ碁のような専門家を超えるシステムをつくれないでしょうか？

回答1：山口

システム化したいビジネス業務を分析しないと何とも言えませんが，世間には，「AIは，普通の人には難しい囲碁でプロに勝ったのだから，我が社の業務などAIでかなり代行できるのではないか」という漠然とした印象があるようです。しかしながら，そのような印象から始まったAIプロジェクトは，そのほとんどが途中で挫折しています。この印象には，囲碁は次の良い一手を先読みするゲームであり，ビジネスの世界でも次の良い手を常に探しており，そのまま応用できるのではないかという，考えがあるようです。 アルファ碁は，先読みのアルゴリズムも含まれますが，過去の大量の棋譜データを与えて，ディープラーニングにより，有効な次の一手を学習し，人にとって未知の有効な定石が学習されたことが，世界チャンピオンに勝てた理由です。縦横19本の線を持つ19路盤である碁盤に置かれた白石と黒石の配置を一種の画像とみなし，数千万の棋譜データを数千万の画像データと捉え，パターン遷移認識問題として有用な一手を予測した結果です。一方，ビジネス業務では，文章を読んでその意味を理解したり，対話を通して相手方の意図を推察したり，外在化されていない，人間の頭の中の思考プロセスが多くあります。RPAやBRMSやワトソンなどを利用して，ある程度，事務処理の代行は可能になってきましたが，意味理解が伴う業務代行は，現状のAIでは十分に実現できないことを理解しておく必要があります。

質問2：ユーザ企業

ビジネスで活躍しているAIは何ですか？また，AIをビジネス化する時，どのような苦労がありますか？

回答2：山口

IBM ワトソンは世界で最高の売上を達成している AI であり，一兆円の売上があります。IBM 世界全体の売上が約 10 兆円ですので，売上の約 1/10 をワトソンが達成しています（日本経済新聞 2017 年 4 月 16 日）。

日本では，ワトソンと人型ロボット Pepper の連携事例があります。ある大手銀行では，Pepper が入口に立ち，「ATM の使い方を教えて」のような来行客からの質問を Pepper が受け，その質問をクラウド上でワトソンに投げ，ワトソンの回答結果を Pepper が利用して，Pepper が来行客に対応します。しかしながら，Pepper が入口に立った初日，来行客の最初の質問は「Pepper，君はここで何をやっているの?」とか，雑談レベルの質問がほとんどとなり，Pepper は回答できませんでした。銀行で，行員に向かって「君はここで何をやっていますか？」と尋ねる人はいないと思いますが，ロボットによる業務案内はまだまだ珍しいので，このような質問がなされるのでしょう。ロボットは人と見かけは似ていますが，人の業務をロボットに代行させた場合，ユーザの反応が変わってしまうので，その対応策が必要となることを認識すべきでしょう。

質問 3：ユーザ企業

AI ロボット技術が高くならないと，AI ロボットサービスは提供できないでしょうか？

回答 3：山口

中国のハルビン市でロボットレストランを世界で初めて実現したことはすでに述べました。開店当初は大人気でしたが，ロボット機能が低すぎて，配膳で飲み物をこぼすし，子供と衝突するし，評判はすぐに悪くなり，1 年以内に閉店となりました。

一方，長崎ハウステンボスで開始された「変なホテル」は，世界初のロボットホテルで，チェックインでロボットが対応します。2016年6月，私も学生と一緒に変なホテルに滞在しました。チェックイン時に恐竜ロボットが「宿泊者カードに，氏名と住所を記入し，私に渡して下さい」と言うので，私は，名前と住所を記載した宿泊者カードを恐竜ロボットに渡したところ「ありがとうございました」とお礼を言われました。次に，学生が，何も記載せず，白紙の宿泊者カードを恐竜ロボットに渡しました。我々は，恐竜ロボットが大声で吠えることを期待しましたが，その期待に反して「ありがとうございました」と再びお礼を言いました。このお礼は想定外でしたが，結局，音声認識も画像認識も何も実装されていませんでした。後で，変なホテルの技術チームと意見交換しましたが，氏名と住所はWebサイトで事前登録されているので，宿泊者カード記入は不要であるが，エンターテインメントサービスとしてのチェックインを考え，音声・画像認識技術を導入してシステムが誤認識すれば，その都度，従業員がリカバリーし，サービスレベルとしては低下するので，認識技術は導入しなかったということです。実際，チェックイン時には，すべての宿泊者が氏名と住所を記載した宿泊者カードを恐竜ロボットに渡し，恐竜ロボットがお礼を言うと，感激していました。このように，技術とサービスの組み合わせは，その技術適用状況やサービスの意義に依存して変化するということであり，必ずしもハイテクがハイサービスになるわけではないと言えるでしょう。実際，この後，変なホテルは全国展開され，すでに10件以上オープンしており，人気は継続し，高い宿泊率を誇っているそうです。

質問4：市民

お医者さんがAIと協力して，本当に何か新しい発見ができるのでしょうか？

回答 4：山口

医療画像診断におけるディープラーニングの利用では，初期のがん発見など，AI が人を超える結果を出しており，お医者さんが，その学習結果の意味を深く考察し，新しい発見につながる可能性があります。

また，以前，臨床検査データマイニングにより，肝硬変軽症レベルから重症レベルに移行する時期を特定する知識を発見するプロジェクトに関わったことがあり，統計的機械学習の結果を大学病院の先生方に評価してもらうことがありました。けれども，ほとんどが役に立たなかったのです。お医者さんによると，統計的機械学習の結果は，新しい気づきになる可能性はあるかもしれないが，私にはその場で理解できない結果がほとんどであったということです。500 個程度の学習されたルールにおいて，2-3 個のルールのみが興味があると評価されました。学習結果が，業務担当者に役立つのか，有用な新しい発見につながるのかについては，人に依存してかなり変わります。医者のチーム全体で学習結果を評価できたならば，異なった評価になったかもしれません。このように，人が機械学習の結果を評価する，データマイニングの後処理工程は，どのような人員構成で評価するのかが重要となります。

質問 5：技術者

ディープラーニングの応用は幅広いと思いますが，利用時の注意事項があれば教えて下さい。

回答 5：山口

大規模データを与えれば，ディープラーニングは人が気付いていない規則性も発見する可能性があり，特に，知覚タスクでは，有効な適用事例が多く報告されています。しかしながら，入力画像を精査しないと，対象物の周辺画像の特徴から，対象物を分類するような無意味な学習をすることがあります。さらに学習結果が意味するところは，相関関係であり，因果関係ではありません。NHKスペシャル「AIに聞いてみた どうすんのよ！？ニッポン」(2017年7月22日（土））という番組で，7000万程度の行政オープンデータをディープラーニングに与えて学習した結果「病院の数を減らせば，健康な人の割合が増える」という理解困難な結果が学習されました。これは，A（ある地域の財政悪化）→B病院が別の地域に移転し減少（→C患者もその地域に引っ越す）（→D元の地域の病人の数が減少）→E健常者の割合が増えるという因果関係の結果ですが，AとCとDが潜在化されており，BとEだけの相関をとった結果であり，もし行政レベルでこの学習結果をうのみにし，病院数を減らすことになれば，大変な事になります。この他にも「少子化止めるには結婚よりもクルマ買え」とか「40代の独身が日本を滅ぼす」というような結果も出てきました。これらは，すべて相関にしかすぎません。現在，AIに対する混乱の一つの原因が，このように，相関関係を因果関係に取り違えているということにあります。相関関係の背景にどのような原因変数が隠れているのかを深く考慮しなければなりません。これは，**質問4**と同様，データマイニングの後処理に深く関連し，人はAIの学習結果を様々な観点から読み解く必要があります。

3. 人と AI の未来社会

質問 6：新聞記者

自動運転は，世界レベルの熾烈な競争になっているが，日本の実力はどのようなレベルなのか？そして今後，シェアリング社会と自動運転の出現により，車が売れなくなれば，日本の車メーカーはどうなるのだろうか？

回答 6：山口

7章で述べたように，自動運転については，米国，中国，欧州，日本の車ベンダー，大手 IT 企業，新興 IT 企業が，単独あるいはアライアンスを組んで，世界レベルで熾烈な競争が展開されています。

ただ，現状では，カリフォルニア州 DMV の自動運転安全性ベンチマークで，1-4 位に米国企業，5 位に中国企業，6 位に日本企業が入り，この中でも Google が突出してリードしており，2018 年 12 月，Google からスピンオフした自動運転車開発企業 Waymo（ウェイモ）が，世界で初めて，有料自動運転タクシーサービス「Waymo One」を開始しました。我が国でも，新興 IT 企業 ZMP とタクシー大手の日の丸交通が協力して，大手町～六本木のコースで，有料自動運転タクシーの営業実証実験を実施していますが，米中と比べて遅れている実状があり，さらなる実験を重ねていく必要があります。

自動車産業は 100 年に一度の大改革時代に突入したと言われ，CASE（Connected：車の接続，Autonomous：自動運転，Shared & Service: シェアリングとサービス化，Electric：電動化の頭文字を組み合わせた造語。ケース），および車を所有する時代から借りる時代を意味する MaaS（Mobility as a Service. マース）などの新しいキーワードの時代に移行するのは必然であり，車だけの販売ではなく，自動運転車とサービスの連携方法が重要になってくると予想され，車ベンダー，大手 IT 企業，新興 IT 企業の多様なアライアンスが求められるといえます。

質問 7：IT 企業役員

米国のフロリダ州で，働かなくていい，お金なんかいらない，という実験が行われている。あるエリアがあって，そこは資本主義と関係なくて，物々交換の世界のような村ができている。名前はビーナスプロジェクトという。そういう動きがあるように，AI の進化によって資本主義でさえ変わる可能性がある。21 世紀の未来社会は，どのような社会になるのであろうか。何か知見があれば教えて頂きたい。

回答 7：山口

ベーシックインカムという社会制度の考え方があります。政府がすべての国民に基本的（ベーシック）な所得（インカム）を保証する制度で，フィンランドやカナダで短期的に実験されたことがありますが，財源確保，働かない人を助けることへの総意をとることが困難などの理由により，いずれも実験は終了し，延長されていません。また，AI ロボットに稼がせて税金をかけて財源を確保してベーシックインカムを実現するという未来思考も出て来ていますが，時期尚早ということで，現実的な話題になっていません。資本主義の変化については見通すことはできませんが，人のすべての仕事が AI により代行されるという世界は，非現実的であり，人と AI が連携する新しい仕事が登場してくると思います。この時，AI の専門家がリードするというより，様々な分野の専門家が相互に意見を交換して，人と AI ロボットの協働世界としての新しいサービスを構築していく社会になるのかなと感じています。

質問8：省庁官僚

ボードゲームでは，シンギュラリティは実現したとのことですが，すべての世界でシンギュラリティは2045年頃に来るのですか？また，AIは言葉を理解できないということですが，どうすればできるのですか？

回答8：山口

シンギュラリティは，ボードゲームなど特定分野では実際に起きています。あとはシンギュラリティをどう定義するかで，特定分野に限れば，医療画像診断でもシンギュラリティは起こっていると言っていいでしょう。では，仕事が業務プロセスにすべて分解できたとして，1万にも及ぶことがあるすべての業務プロセスにおいて，AIが人を超えることができるのかというと，2045年頃までには難しいと思います。人が優位になるプロセスもあり，それが意味理解とか文脈理解のところだと思います。

AIに言葉の意味を理解させる方法ですが，概念レベルの記号情報と実世界の物理情報を関連付けて，知識を構造化していく，新しい機能の実現が一つのポイントだと思います。記号情報に限定しても，言葉の間に静的に意味リンクを貼るのが今の知識構造化ですが，人同士の議論では，動的に多様な意味リンクが貼られ，議論の流れに沿って，支持する内容が動的に変化しますので，人間同士の深い議論には，今のAIはついていくことができません。例えば，文脈によって意味がスイッチングするそのメカニズムはまだ分かっていません。言葉というのは色々なAI分野で挑戦されていますが，研究成果をスケールアップさせることが難しいところで，知識工学者，言語学者，画像理解，音声理解，機械学習など，あらゆる分野の研究者が大きなチームを組んで，トランスディシプリン，マルチディシプリン的な研究を推進する事が必要かなと思います。

質問 9：小中学生・一般市民

人の職業の半分程度がAIで代行されると聞いたことがありますが，本当でしょうか？また，AIの価値はどのようなところにありますか？

回答 9：山口

確かに，ルーティン的な知識労働者はAIに置き換わっていくことは起こるでしょう。しかしながら，AIは意味理解が不得意で，文章を読んで理解する，人の話を理解して議論を進めるようなことは，人にしかできません。人とAIの議論では，「職業」という大括りで捉えると，奪う，奪われないという二項対立的な議論になってしまい問題です。そこで，「職業」を業務プロセスに分解すれば「ここは計算でAIができるところ」「ここも反復処理なのでAIができるところ」「ここは，意味を理解して判断すべきなので人間がするところ」というように，人とAIとの協働関係がみえてきます。人とAIの協働システムを開発するときは，仕事を業務プロセスに細分化し，技術も具体的なAI技術に細分化して，どの業務をどのAI技術にさせるのかといったことを考えるAIプロデューサーという職業が将来登場してくるでしょう。

AIの活用を考えれば，新しい仕事がたくさん出てきて，みなさんはきっとそこで活躍できるでしょう。

4. まとめ

本章では，AIを知識推論型AIとデータ学習型AIに大別し，**6 章**からの**12 章**までのAI適用事例をとりまとめ，AIの適用可能性と限界を総括した。また，講演会で受けていた代表的な質問とその回答を掲載した。読者一人一人においても，AIの未来社会を思い描いてみてもらいたい。

参考文献

［1］山口高平『人とAIが協働する未来社会』（アジア太平洋フォーラム・淡路会議，2017年）
http://www.hemri21.jp/awaji-conf/project/forum/2017/index.html

演習問題

【問題】

(1) **表13-1**に示した7種類のAI実践を知識推論型AIとデータ学習型AIに分類せよ（両方のAIが含まれる時は，より重要な技術を含むAIの方に分類せよ）。
(2) AIをビジネス化する時の課題を列挙せよ。
(3) 良いサービスは，必ずしも，高いレベルのテクノロジーを必要としないことについて，例をあげて説明せよ。
(4) 未来の仕事としてのAIプロデューサーは，どのような仕事になると思うか？自由に考察せよ。

解答

(1) スポーツ（データ学習型AI），自動運転（データ学習型AI），飲食店サービス（データ学習型AI or 知識推論型AI），間接業務（知識推論型AI），社会インフラ（知識推論型AI），教育（知識推論型AI），知的パートナー（知識推論型AI）
(2) 想定していたAIの利用法が，現場では，想定外の利用法になるケースがあるので，十分に実証実験をする必要がある。例えば，顧客が，人の業務を代行する人型ロボット Pepper に対して，「君はここで何をしているのだ？」のような質問をするケースがある。

(3) ロボットホテルである「変なホテル」の受付にいる恐竜ロボットは，音声認識も画像認識もしておらず，低いテクノロジーしか採用されていないが，その見かけが興味深く，高い宿泊率を誇っている。

(4) 今後，様々な AI プロデューサーが出現すると思われるが，例えば，仕事を業務プロセス単位に分割し，人材配置ではなく，人・AI ソフト・AI ロボットの総合配置を考える AI プロデューサーが出てくる可能性がある。

14 AI システムを組み込む社会

中谷　多哉子

《目標＆ポイント》 ここまでの章では，AI システムの技術や事例を紹介してきた。これらの技術を使って実現された AI システムは，これからますます社会に組み込まれていく。この社会を作るのは私たちである。この章では，私たち人類が，AI システムを活用したり開発したりするときに考えるべきことを紹介する。
《キーワード》 AI ネットワーク，リスク・シナリオ分析，AI 開発ガイドライン

1. AI による社会，生活の変化

今後，AI システムが，私たちの生活に深く関わるようになることは避けられないであろう。一部の人々の中には，AI システムが私たちの仕事を奪うに違いないとか，人類が AI システムに支配されるに違いないといった SF 小説のような社会が現実になると言っている人もいる。そのような社会は誰も望まないであろう。では，私たちが目指す AI システムが組み込まれた社会とはどのようなものなのか。

これまでのコンピュータは，人間によって与えられた命令を忠実に実行する機械であった。これによっても，技術がもたらすシンギュラリティ（技術的特異点[1]）は起きていた。たとえば，スマートフォンが開発されたことによって，電車内での人々の行動は様変わりした。以前は，新聞や雑誌を読んでいる人が多かったが，今では，**図 14-1** にあるように，紙のメディアを手にしている人をあまり見かけなくなった。

1　技術によって私たちの生活が一変すること。

図 14-1　スマートフォンの普及で電車内の景色は大きく変わった

またスマートフォンを使えば，写真はいつでもどこでも撮影できるようになった。そして，写真は，個人的な想い出の記録媒体から，他者に公開して「いいね」をもらったり，フォロワーを増やしたりするための道具になった。

私たちは，このような環境変化に適応し続けてきた。おそらく AI システムが組み込まれた社会にも私たちは適応できるに違いない。しかし，AI システムが人の生活を支配したり，危害を加えたりする状況は絶対に避けなければならない。私たちが今考えるべきことは，次の 3 点である。

- 将来の AI 社会をどのように設計すべきか。
- AI システムの開発者や AI サービスの提供者には，どのような責任が課せられるのか。
- AI システムやサービスの利用者には，どのような責任が課せられるのか。

2. AI 時代：人の役割，AI システムの役割

(1) AI 時代の役割分担

インターネットの高速化によって，距離，時間，データ容量という障害が取り除かれたことは周知のことである。これによって，サービス提供者はインターネットを介してサービスを提供し，大量の利用データを得られるようになった。その結果，サービスの提供者には，これらのデータを保護する責任が生まれた。さらに，データを活用することでサービスの使用性を向上させたり，新しいサービスを創出したりする責任が生まれた。この責任を全うするために，人間中心設計という概念が注目されるようになり，ユーザエクスペリエンス（User Experience: UX）[2] を分析する技術 [3] が使われるようになった。

AI システムによってサービスが提供されるようになっても，人間中心の活動を継続する責任はサービス提供者に残る。しかし，分析作業やデータを分類したり，データからある種の傾向を発見したりすることは，AI システムがやることになろう。たとえば，マウスの動きや指の動きも含めて，利用者から収集可能なすべてのデータは AI システムに取り込まれ，分析されるようになる。このような時代になったとき，AI システムと人には，次のような責任や役割分担が生まれるであろう。

- データの収集と管理において，セキュリティを守るのは開発者，およびサービス提供者の責任である。しかし，セキュリティを重視しすぎて，データの利活用を阻害することは避けなければならない。たとえば購買履歴を複数の AI システムが共有するようになっても，利用者が詐欺にあうリスクが高まる事態は避けなけれ

[2] ISO9241-210:2010（JIS Z 8530:2019）によると，「製品，システム又はサービスの使用及び／又は使用を想定したことによって生じる個人の知覚及び反応」と定義されている。これによって，製品やサービスを改善したり，新しい機能やサービスを創出したりできるようになる。

[3] ペルソナ分析，カスタマージャーニーマップ，シナリオ分析などがある。

ばならない。利用者を守り，かつ，より良いサービスを提供できるようになるのであれば，情報の共有は利用者に受け入れられるに違いない。たとえば，私たちが海外出張中に受けた診療の情報を，帰国後，主治医に参照してもらえるのはありがたい。セキュリティと利活用という両者の妥協点を見い出すのはAIシステムが組み込まれた社会を設計する人類の責任である。

- AIシステムがデータ解析をした結果に基づいて，ビジネスの意思決定をする責任も人間に残される。

より一般的に，AIシステムと人との役割分担について，両者の得手不得手について考えてみよう。カール・ビー・フライ（Carl B. Frey）とマイケル・エイ・オズボーン（Michael A. Osborne）の分析結果[4]を**図14-2**に示した。彼らによると，アメリカにおける702の職業のうち47%がコンピュータによって置換されるリスクがあるそうだ。この分析

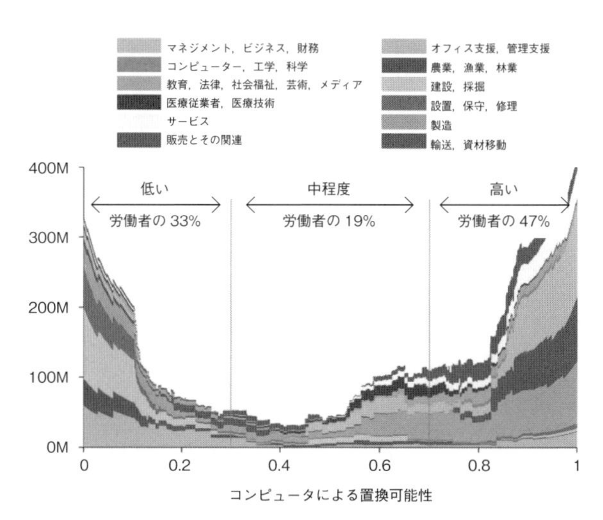

図14-2　Carl B. FreyとMichael A. Osborneによる職業の置換リスクに関する分析結果[4]。(2010年米国労働統計局による職業のカテゴリ毎に，コンピュータによって置換される可能性の高さを分類してある。すべての色づけの部分の面積の和は，米国の総雇用に等しい。)

は，各職業がコンピュータに困難な以下の要素をどれ位含むかによって，置換リスクの大小が分析されている。いずれも，各要素を多く含む方が置換リスクが小さくなる。

- 他者への支援や思いやりが必要か
- 説得は必要か
- 交渉は必要か
- 社会性，社会の理解は必要か
- 芸術的な要素はあるか
- 独創性は求められるか
- 手先の器用さは求められるか
- 指の器用さが必要か
- 狭い作業スペースしかないか

つまり，知識の豊富さが必要とされており，かつ人との関わり合いが少ない職業はAIシステムによって代替されるリスクが高いということになる。本章では，さらに1項目を追加したい。

- 人の仕事をAIシステムに置き換えることで採算はとれるか。

AIシステムを開発するのにもコストと時間が必要である。極単純な作業であり，人が担当しても誤りが少ないか，あるいは誤りが社会に与える影響が少ない場合，その仕事の置換リスクは小さい。

(2)「望ましい」AIシステムとは

では，私たちが求めるAIシステムとはどのようなものであろうか。もう少し具体的なシステムを用いて，AIシステムの機能を考えてみよう。

筆者はある日，その日のうちに東京から博多に移動する必要があったのだが，生憎，羽田空港が事故で閉鎖されていた。博多への移動手段と

---

[4] Carl Benedikt Frey and Michael A. Osborne, "The Future of Employment: How Susceptible are Jobs to Computerisation?" Oxford University, 2013/9/17.（https://www.oxfordmartin.ox.ac.uk/downloads/academic/The_Future_of_Employment.pdf）［2019年3月現在］

して新幹線を使える。品川で新幹線に乗り換えるか，東京駅で乗り換えるか。この状況で指定席を確保できるだろうかと考えながら空港の中を歩いていた。そのとき，Pepper君が近寄ってきて，「ちょっと今いいですか？」と話しかけてきた。よくない。全く現状を認識していないこのロボットに，少々腹立たしさを感じたのを覚えている。現在のAIシステムは，状況判断ができない。そもそも状況とはどのようなデータの集合なのかを，人間が定義できていない。だから，私たちがロボットに状況を理解させることはできない。

もし，AIシステムが状況を理解できるようになれば，「飛行機の便がキャンセルになってしまいましたが，代替手段を御提案しましょうか。代替交通手段の混み具合や所要時間などを調べます。指定席も予約しましょう。」くらいのサービスをPepper君が提供することもできるようになろう。人間と協働できるAIシステムが満たさなければならない近々の課題は，状況を判断できるようになることである。

目的地までドライブをしようとしたとき，将来のAIシステムは最短時間で行く経路を提示してくれるようになるだろう。このようなAIシステムは，他の自動車に搭載されたAIシステムと通信することで，5分後，1時間後の道路の混み具合を予測し，自動車が最短で目的地に到着できるように経路を計算してくれるようになるだろう。しかし，人は移り気である。途中で急にラーメンを食べたくなったり，休憩を取りたくなったりする。AIシステムはこのような人の行動も理解しなくてはいけない。また，ある店に立ち寄ったときに，「このお店は美味しかった」と主人がAIシステムに伝えれば，主人の美味しいお店がどのようなものなのかを学習し，やがて，「K.I.T.T.[5]，美味しいラーメン屋さんに寄って」と主人が言えば，主人や同乗者の好みに合わせて最適，かつ最寄り

[5] 1980年代中頃に制作されたナイトライダーというテレビ番組で使われていたAIカー，ナイト2000（Knight Industries Two Thousand）の略称。当時は第二次AIブームであったが，音声認識技術も未熟で，K.I.T.T.は夢の車であった。第三次AIブームを迎え，K.I.T.T.も夢ではなくなりつつある。

のラーメン屋さんまで AI システムが連れて行ってくれるようになる。

この例で注目してもらいたいのは，以下の点である。

- 将来の AI システムはネットワークに接続されて互いに協働する。
- AI システム同士が協働するだけではなく，人も AI システムと協働し，人が AI システムを成長させる。
- ネットワークに接続されている様々なセンサやカメラからもデータを収集し，AI システムは学習を行う。
- AI システムは学習を進め，プログラムも書き換える。

人と AI とが協働するには，問題がある。もっとも重大な問題は，AI システムがある結論を導いたとき，その結論に至る経緯を説明できないことである。そのため，AI システムが推論に基づいて医療診断結果を出し，それに基づいて治療を開始するという状況を，私たちは安心して受け入れられない。しかし，AI システムと医者が適切に役割分担するのであれば，医療診断 AI システムでも，十分，私たちの役に立つ。

AI システムは膨大な医療情報を学習しており，ある検査結果から病名を短時間で推論することができる。一方，医者が知り得る医療情報には限界があるから，稀な病気を発見することは困難である。しかし，医者には，AI システムの診断結果が妥当なものであるか否かを評価するために，更に患者の情報を収集することができる。治療方法を検索するのは AI システムが担い，その妥当性の確認と治療の実施，及び患者の精神面のケアを医者が行う。このような AI システムを組み込んだ社会であれば，「安心」であろう。

自動運転はどうであろうか。自動運転車から運転席が消えるのは時間の問題である。運転席があれば，自動運転機能が停止したときに人が運転を代行できると言われるが，この人の運転経験はどの位のものだろう。安全・安心な運転を目指すのであれば，自動運転機能が緊急停止した車に運転席は不要である。レベル 5 の自動運転車が一般化すれば，私たちはスーパージェッター[6]のごとく，自動運転車を呼び出して乗ればよい。これで交通死亡事故がゼロに近づくのであれば，私たちは手動運転という楽しみを諦めなければならない。自動運転の妥当性は，事故が減ることで証明されるに違いない。

何を AI システムに担わせ，私たちの社会をどのように変え，その社会で，私たちは何を担うのか。これは，私たち自身が設計しなければならない。

3. 人間中心設計

(1) AI システム開発ガイドライン

AI システムを開発する人々が，人に危害を加える AI システムを開発しないように，そして，万が一 AI システムが暴走し，人間による制御ができなくなったときなどを想定[7]して 2017 年に AI 開発ガイドライン[8]案が示された。これによると，AI 開発原則は，以下のように定められている。

- 連携の原則：開発者は，AI システムの相互接続性と相互運用性に留意する。
- 透明性の原則：開発者は，AI システムの入出力の検証可能性及び判断結果の説明可能性に留意する。
- 制御可能性の原則：開発者は，AI システムの制御可能性に留意する。

[6] 1960 年代に日本で放映されたアニメ。ジェッターが持つ腕時計が流星号を呼び出すメディアになっている。このメディアは私たちには身近になったスマートウォッチ，そのものである。流星号に運転席（操縦席）のようなものはあるがハンドルはない。（久松文雄著, スーパージェッター［完全版］［上］, 漫画ショップシリーズ 159，マンガショップ，2007，pp.250.）

[7] 映画のターミネーターのような未来を想定している。

[8] AI ネットワーク社会推進会議，“国際的な議論のための AI 開発ガイドライン案”，2017/7/28.

- 安全の原則：開発者は，AI システムがアクチュエータ等を通じて利用者及び第三者の生命・身体・財産に危害を及ぼす事がないように配慮する。
- セキュリティの原則：開発者は，AI システムのセキュリティに留意する。
- プライバシーの原則：開発者は，AI システムにより利用者及び第三者のプライバシーが侵害されないように配慮する。
- 倫理の原則：開発者は，AI システムの開発において，人間の尊厳と個人の自律を尊重する。
- 利用者支援の原則：開発者は，AI システムが利用者を支援し，利用者に選択の機会を適切に提供することが可能となるよう配慮する。
- アカウンタビリティの原則：開発者は，利用者を含むステークホルダに対しアカウンタビリティを果たすように努める。

これらは開発者向けのガイドラインであるが，AI システムや AI ネットワークを用いてサービスを提供する者や企業にも，同様の原則が適用される。

AI を搭載したロボットにもリスクがあることは，アイザック・アシモフによるロボット工学の三原則[9]からもわかる。AI システムもこの原則を守ることは大前提である。たとえば，AI システムが人間に危害を与えるような振る舞いをする等の緊急時に，AI システムを人間がシャットダウンできる機能を装備しておくことなどが，ガイドライン策定の会議で議論された。また，現状の AI システムが推論の過程や根拠を示すことが難しいことは既に述べたが，このガイドラインでは，これ

---

[9] アイザック・アシモフ著，小尾芙佐訳，『われはロボット』（早川書房，2004 年）.（原著：Issac Asimov, I,ROBOT, 1950.）

らの説明をする責任は，開発者にあると明記されている。

(2) AI 利活用原則

インターネットが普及する以前の情報システムの開発では，顧客の要求仕様を満足すればよかった。しかし，インターネットが普及した後，情報システムには，情報漏洩や攻撃に対処するためのセキュリティ対策が求められるようになった。システムが，単独で使用される時代から複数のシステムがネットワークで接続される時代に変わったことによって，開発者には，より慎重に仕様を検討することが増えた。AI システムが障害を起こしたときは，その影響は地域にとどまらず，世界に影響が及ぶことも想定しなければならない。

深層学習を行う AI システムを支えるのは，膨大なデータである。AI システムは，データから特徴量を求め，その結果に基づいてデータの分類と推論を行う。したがって，どの位の量の，どのようなデータを学習データとするかが課題となる。さらに時代が進めば，AI システムは，ネットワークを介して膨大なデータを自分自身で集めることができるようになる。データを生成するのも AI システムとなるであろう。実際に，アルファ碁は，ネットワーク上でアルファ碁同士が対戦を行い，学習をしている。このように，AI システムがネットワークを介して協働するシステムを AI ネットワークと言う。

自動車には様々なセンサが搭載されており，そこから得られるデータはビッグデータとして解析され，自動車の安全性向上に寄与すべく利用されている。しかし，完全自動運転を目指すとしたら，想定外となるような状況もデータとして集め，それへの対処方法を推論出来るようにしておく必要がある。想定外の状況，すなわち，事故のような稀にしか起きないデータはどこから集めれば良いのであろうか。最も容易なデータの収集方法はシミュレーションである。コンピュータの中で実行されるシミュレーションで，稀にしか起こらない事故を何度も再現したり，条件を変えて事故の可能性を検証したりすることも可能である。また，シミュレーションでは事故の直接の原因や状況を詳細に記録することもできる。そのため，人間が，事故を防止するための新たなセンサを開発することもできよう。さらにAIシステムは，そこから得られるデータから何を予測すべきであり，どのような制御をすべきなのかを検討したり，さらに，新たなセンサを装備したときのシミュレーションを再度実行したりすることも可能になる。個々の自動車に搭載されているAIネットワークは，互いに「環境」のデータを収集して，事故を起こさないような運転方法を学習することもできる。

AIネットワークは，次のような進展過程を経ると言われている[10]。

1．AIシステムが，他のAIシステムと連携せずに，インターネットその他の情報通信ネットワークを介して単独で機能する。
2．複数のAIシステム相互間のネットワークが形成され，ネットワーク上のAIシステムが相互に連携して協調する。
3．センサやアクチュエータを構成要素として含むAIネットワークが人間の身体または脳と連携することを通じて，人間の潜在的能力が拡張される。
4．人間とAIネットワークが共存し，人間社会のあらゆる場面においてシームレスに連携する。

私たちは，今のうちに，AIシステム，AIネットワークがやれること，やってはいけないことを定め，世界標準として規定していかなければならない。2018年末に日本政府がAI活用7原則を発表した[11]。それ

---

[10] AIネットワーク社会推進会議，報告書2018 − AIの利活用の促進及びAIネットワーク化の健全な進展に向けて −，2018/7/17.
（http://www.soumu.go.jp/main_content/ 000564147.pdf）［2019年3月現在］

[11] 日本経済新聞，"AI活用，まず「人間中心」 政府が7原則　国際ルール策定に名乗り"，2018/12/14.
https://www.nikkei.com/article/DGKKZO38897860T11C18A2PP8000/

は次のようなものである。

- AIは基本的人権を侵さず，人間中心に開発する。
- 誰もがAIを利用出来るよう教育を充実させる。
- 個人情報を慎重に管理する。
- セキュリティを確保する。
- 公正な競争環境を維持する
- AIの動作について企業は適切に説明する
- 産官学が連携しイノベーションを生む。

AIが基本的人権を侵してはならないのは当然である。また，人の安全を確保したサービスの設計は，これまで以上に重要となろう。しかし，兵器へAIを適用することは避けられそうにない。

ビッグデータの取り扱いでは，個人情報をどこまで匿名化できるかも課題である。個人に関する情報をどこから収集したのか，何を目的に使うのかを追跡可能にし，AIシステムの運営者は，それを説明できなければならない。AIネットワークは，人に関するデータを複数のAIシステムから入手する。そのデータから，特定の個人の行動や健康，信念などを推論することも可能になるかもしれない。AIネットワークにおける人間中心設計とは，AIネットワークに何ができるか，どうやれば実現できるかを考えることではなく，人類にとって，何が必要であり，人類がAIネットワークと共存し，協働する社会とはどのようなものかを考えて設計することである。

4. まとめ

私たちがAIシステムを開発するとき，あるいはAIネットワークを活用してサービスを提供しようとするとき，または，そのサービスを利用しようとするときは，様々な「原則」を守らなければならないことを本章で解説した。この原則は，今後，AI ネットワークの進展と共に進化していくであろう。いずれにしても，私たちは，AI ネットワークが人間に心地よさと安心を提供できるように，AI ネットワークを組み込んだ私たちの社会を設計する責任がある。私たちがこの責任を正しく全うするためには，AI に関する正確な知識を持たなければならない。

参考文献

[1] James Kalbach 著，武舎宏幸，武舎るみ訳『マッピングエクスペリエンス ―カスタマージャーニー，サービスブループリント，その他ダイアグラムから価値を創る』（オライリージャパン，2018 年）

[2] ティム・ブラウン著，千葉敏生訳『デザイン思考が世界を変える（Change by Design）』（早川書房，2014 年）

[3] AI ネットワーク社会推進会議『国際的は議論のための AI 開発ガイドライン案』（2017/7/28）

[4] アイザック・アシモフ著，小尾芙佐訳『われはロボット』（早川書房，2004 年），（原著：Issac Asimov，I, ROBOT，1950 年）

演習問題

【問題】

(1) 通販サイトで使われている AI システムが果たしている役割を述べよ。

(2) 通販サイトの AI システムが，AI ネットワークに接続されるとしたら，どのような利点が私たちにあるのか。どのようなリスクが生じるかを述べよ。

解答例

(1)
- 大量の購買履歴データによって，将来の販売予測をする。
- 集中的なセールスの対象者を選別するために，顧客の購買実績から顧客を層別化する。

これらの機能によって，特定の顧客に対して購買を促すセールス活動ができるようになる。

(2) 利点
- ある通販サイトで品切れとなっていた商品が，他の通販サイトで入手可能なことをメールなどで知ることができるようになる。
- 通販サイトで閲覧した商品を，手にとって見ることができる実際の店舗の情報を通知してもらえるようになる。

リスク
- 同じ商品の大量の入荷情報が，メールで送られてくる。

15 AI国家戦略

山口　高平

《目標＆ポイント》 本章では，AIが世界レベルの競争になる中で，米国・中国・欧州・日本のAI国家戦略，および，AI倫理を中心とするAI国際協調について述べる。
《キーワード》 米国AI構想（American AI Initiative），中国新世代人工知能発展計画，欧州HORIZON Europe，AIロボット兵器の開発禁止

1．各国のAI戦略

総論として，人の業務を代行・支援するAIは，国内で新しく生産された商品やサービスの付加価値の総計であるGDP（Gross Domestic Product. 国内総生産）を押し上げ，経済発展に寄与する技術革新なので，国策として投資し，国全体として取り組まなければならないと言われる。しかしながら，AIにより恩恵を得られたと実感できる体験はまだまだ少ない。

文献［1］では，このような疑問に対して，新しい技術が駆使され普及し，目に見える形で生産性が向上するには，25年程度は必要であり，電力の普及，ITの普及でも同様の結果であったとされる。現在，AIは研究段階であり，2030年頃になってようやく投資効果が見えてくるものと予想している。

文献［2］では**図15-1**のように，国家レベルでAIの導入効果を比較し，2017年のGDPを1として，2035年のGDP成長率を予想している。2014年よりスマートネーション構想を推進しているシンガポールは，18

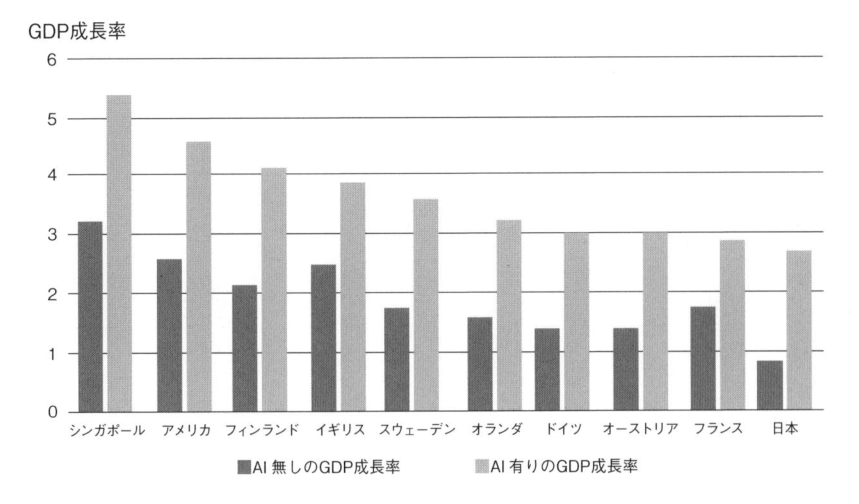

図 15-1　国家レベルの AI 導入効果比較

年間で GDP は年間平均 5.4% 上昇する可能性があり，今回調査した 33 カ国中で最大の伸びになっている。世界経済の成長が鈍化傾向にある先進諸国と比べて，シンガポールの GDP 成長率は卓越しているといえる。また，この結果，**図 15-2** に示すように，GDP が 2 倍となる必要年数は，シンガポールが最短で 13 年，日本はその 2 倍の 26 年であり，その差は歴然であり，日本社会の仕組みを早急に転換していく必要があろう。

文献［3］の 2017 年 GDP 総額比較を見れば，1 位：米国 19.5 兆ドル，2 位：中国 12 兆ドル，3 位：日本 4.9 兆ドル，4 位：独 3.7 兆ドル，5 位：英国 2.6 兆ドル，6 位：仏 2.6 兆ドル…37 位：シンガポール 0.43 兆ドルであり，シンガポールの GDP 総額は日本のそれの 1/10 以下でかなり小さく，問題ないという意見もあるが，先進諸国の中で比較しても，日本の GDP が 2 倍となる必要年数は最長で，長期的にみれば，GDP 総額が欧州に抜かれていく危険性があり，問題視すべきであろう。

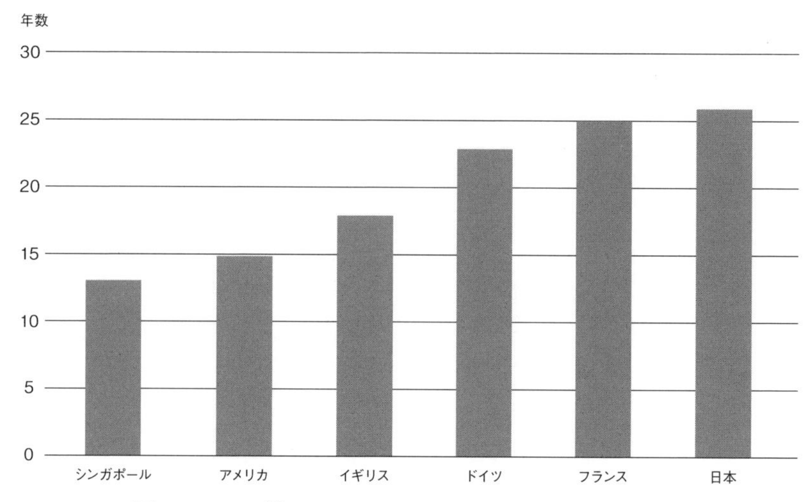

図 15-2　AI 導入により GDP が 2 倍となる必要年数

2. 主要国の AI 戦略

本節では，主要国が取り組む AI 戦略の現状について述べる（文献[4]）。

(1) 米国

米国では，2018 年 5 月，「米国産業のための AI サミット（Summit on AI for American Industry）」が開催され，AI 研究開発を推進するためのエコシステム（官民パートナーシップ），人材育成，イノベーションの障壁となる規制の撤去，インパクトの大きい AI 応用の創出などについて意見交換がなされた。また，本サミットで，米国国民のための AI（AI for the American People）という声明が公表され，① AI 研究開発への優先配分，②規制改革，③人材育成，④軍事的優位の達成，⑤ AI 行政サービス，⑥国際 AI 協調について取り組むとされている。

AI サミットを受け，2019 年 2 月，米国 AI 構想（American AI

Initiative）という声明が公表され，トランプ大統領は「AI 分野におけるアメリカのリーダーシップの継続は，アメリカの経済的安全と国家の安全保障を維持するために最も重要です」と述べている。米国 AI 構想では，① AI を投資優先事項，② AI 研究者に連邦政府のデータ・計算モデル・計算リソースの開放，③ NIST（米国標準技術局）による AI システムの相互運用性・移植性・高性能・安全性に関する標準案作成，④ AI 利用に関する労働者再教育，⑤米国の利益と価値が AI 国際市場で中心になるための戦略立案，について取り組むと宣言された。しかしながら，構想の具体案には触れられず，そのため投入予算金額についても言及されず，実行可能性が問われている状況である（文献 [5]）。

(2) 中国

中国では，2017 年 7 月，新世代人工知能発展計画が公表され，2030 年には，AI 研究開発で世界トップとなり，AI 産業で 1 兆人民元（約 16 兆円），AI 関連産業で 10 兆人民元（約 160 兆円）の市場規模を目指すとされている。**表 15-1** に，本計画の概要を示す（文献 [4] より作成）。

中国の AI 戦略は，他国と比べて，官民一体となって AI イノベーションを推進する点が大きな特色である。民間企業では，BAT と呼ばれる大手 IT 企業による AI 投資が目覚ましく，検索エンジンの百度は自動運転，ネットショッピングのアリババはスマートシティ，SNS のテンセントは医療 AI プラットフォームを推進している（文献 [6]）。

百度は，「All in AI」のスローガンの下，AI への投資・研究を強化しており，特に，**7 章**で述べたように，自動運転ソフトウェアプラットフォーム「アポロ」をオープンソースとし，130 以上の企業が参加し，自動運転の一大拠点になり，百度を退職した人材が RoadStar.ai などの新たなスタートアップを起業し，国全体で自動運転を推進する体制が整備されようとしている。

表 15-1　新世代人工知能発展計画

時期	注目分野	ゴール	AI産業市場規模	AI関連産業市場規模
2020年	ビッグデータ，マルチメディア知能，自律知能システム，群知能など	AI技術・応用レベルは世界先進レベルへ	1500億人民元（約2.4兆円）	1兆人民元（約16兆円）
2025年	製造，医薬，都市，農業のAI推進，国防建設，AI法規制，AI安全性・管理体制	AI基礎理論の発展，AI技術応用の一部は世界一流，中国社会の転換をはかる	4000億人民元（約6.4兆円）	5兆人民元（約80兆円）
2030年	脳型知能，ハイブリッド知能，AIによる社会統治，国防建設，AIによる産業バリューチェーン	AI基礎理論・技術・応用がすべてで世界一流となり，世界主要AI革新大国になる	1兆人民元（約16兆円）	10兆人民元（約160兆円）

アリババは，ネットショッピングと金融サービスを柱にして「AI for Industries」という戦略の下で，企業向け AI サービスを展開している。特に，杭州で進められているスマートシティ実験では，コンピュータビジョンや顔認証により，信号コントロールを通じ，交通渋滞を解決し，快適な都市生活の実現を目指している。また，AI研究開発を推進するために，2017 年 10 月，グローバル研究院である「アリババ達摩院」が設立され，AI 基礎研究，チップ開発などに注力し，3 年間で 1,000 億元（約 1.6 兆円）の研究資金を投入予定である。

テンセントは，AI のビジネス化が有望視される，自動車交通，企業サービス，医療健康，金融の 4 分野の主力企業に投資するとともに，自らは，医療 AI を実践し，病院や研究機関などと協力して，医療用ロボットの開発や医療診断補助サービス「テンセント覓影」の提供により，がんの早期発見や医療補助を実施している。

(3) 欧州

欧州では，2014 年～ 2020 年の 7 年間，総額 800 億ユーロ（約 10 兆円）を投資する研究開発プロジェクト HORIZON2020 により，科学技術・イノベーション政策が推進されているが，AI が世界レベルの競争になる状況下で，EU 加盟国から AI 投資を 200 億ユーロ（約 2.5 兆円）増大すべきであるという提言がなされている。また，2021 年～ 2027 年の新たな 7 年間に向けて，総額 1000 億ユーロ（約 12 兆円）に近い予算を投入する HORIZON Europe が提案され，AI，スーパーコンピューター，サイバーセキュリティ，デジタルスキル，社会全体でのデジタル技術利用，という 5 分野に焦点があてられている。

以下，欧州主要 3 か国である，英国，ドイツ，フランスの AI 戦略について述べる。

①　英国の AI 戦略

英国では，2018 年 4 月，AI Sector Deal が公表され，Ideas（アイデア），People（人材），Infrastructure（インフラ），Business Environment（ビジネス環境），Places（地域社会）という 5 項目から総合的に AI 施策を実施している。この中で，医療 AI を推進し 15 年以内に 5 万人以上のがん早期発見を可能にすることが計画され，また，アランチューリング研究所と英国コンピュータ学会（会員 7 万人）が協力して，2019 年より，AI マスタープログラムを開始し，AI 人材育成にあたっている。

②　ドイツの AI 戦略

ドイツでは，製造業の高度化を推進する国家戦略である Industrie 4.0 の中で，AI が推進されてきたが，2017 年 9 月から 2022 年 8 月までの 5 年間，AI により特化した Learning System Platform プロジェクトが推進されることになった。同プロジェクトは 7 つの WG（Working Group. 作業部会）から構成され，WG1 は技術イネーブラーとデータサイエンス，WG2 は将来の仕事とヒューマン・マシン・インタフェース，WG3 は IT セキュリティとプライバシーと法制度と倫理的枠組み，WG4 はビジネスモデルとイノベーター，WG5 はモビリティと ITS（Intelligent Transport Systems. 高度道路交通システム），WG6 はヘルスケアと医療技術治療，WG7 は敵対的生活環境を検討する。

③ フランスの AI 戦略

フランスでは，2018 年 3 月，マクロン大統領がフランスを AI 先進国にするための戦略 Intelligence artificielle :"faire de la France un leader" を公表し，AI エコシステムの強化（人材育成，国際交流），データのオープン化政策，AI 研究と AI スタートアップへの投資，AI の倫理的課題，の 4 点を柱にして，取り組むとされている。

3. 日本の AI 戦略

我が国では，AI，IoT，ビッグデータ，セキュリティ技術を基盤にして，サイバー空間と現実空間を高度に融合させたシステムを開発し，経済を発展させ，社会的課題を解決する新たな未来社会 Society5.0 の実現を国家戦略とし，統合イノベーション戦略推進会議が総括的役割を担い，その下で，**図 15-3** に示すように，人工知能戦略会議が，AI 研究開発を担う基盤省庁である文部科学省（理化学研究所・革新知能統合研究センター）と経済産業省（人工知能研究センター）と総務省（情報通信研究機構），および AI 社会実装を担う出口省庁である厚生労働省（画期的医薬品創出と医療診断支援），国土交通省（ドローンによる 3 次元計測，ICT 建設機械，検査支援），農林水産省（スマート農業，農作物病徴診断，水管理）と連携し，AI 研究開発と AI 社会実装を具体的に推進している。

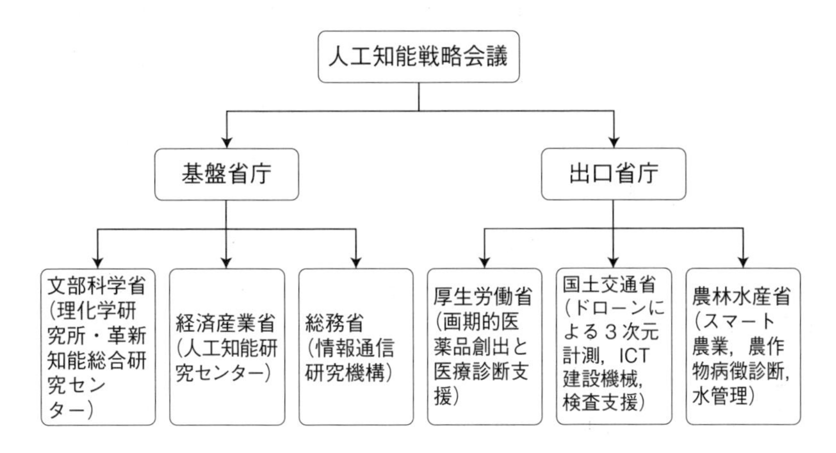

図 15-3　日本の人工知能戦略会議の構成

(1) 人間中心の AI 社会原則

人間中心の AI 社会原則は，「AI-Ready な社会」において，国や自治体をはじめとする我が国社会全体，さらには多国間の枠組みで実現されるべき社会的枠組みに関する原則である（文献［7］）。

①　人間中心の原則

AI は，人々の能力を拡張し，多様な人々の多様な幸せの追求を可能とするために開発され，社会に展開され，活用されるべきである。AI が活用される社会において，人々が AI に過度に依存したり，AI を悪用して人の意思決定を操作したりすることのないよう，我々は，リテラシー教育や適正な利用の促進のための適切な仕組みを導入することが望ましい。

② 教育・リテラシーの原則

AIを前提とした社会において，我々は，人々の間に格差や分断が生じたり，弱者が生まれたりすることは望まない。したがって，AIに関わる政策決定者や経営者は，AIの複雑性や，意図的な悪用もありえることを勘案して，AIの正確な理解と，社会的に正しい利用ができる知識と倫理を持っていなければならない。AIの利用者側は，AIが従来のツールよりはるかに複雑な動きをするため，その概要を理解し，正しく利用できる素養を身につけていることが望まれる。一方，AIの開発者側は，AI技術の基礎を習得していることが当然必要であるが，それに加えて，社会で役立つAIの開発の観点から，AIが社会においてどのように使われるかに関するビジネスモデル及び規範意識を含む社会科学や倫理等，人文科学に関する素養を習得していることが重要になる。

③ プライバシー確保の原則

各ステークホルダーは，以下の考え方に基づいて，パーソナルデータを扱わなければならない。

・パーソナルデータを利用したAI及びそのAIを活用したサービス・ソリューションにおいては，政府における利用を含め，個人の自由，尊厳，平等が侵害されないようにすべきである。
・AIの使用が個人に害を及ぼすリスクを高める可能性がある場合には，そのような状況に対処するための技術的仕組みや非技術的枠組みを整備すべきである。特に，パーソナルデータを利用するAIは，当該データのプライバシーにかかわる部分については，正確性・正当性の確保及び本人が実質的な関与ができる仕組みを持つべきである。
・パーソナルデータは，その重要性・要配慮性に応じて適切な保護がなされなければならない。パーソナルデータには，それが不当に利用されることによって，個人の権利・利益が大きく影響を受ける可能性が高いもの（典型的には思想信条・病歴・犯罪歴等）から，社会生活のなかで半ば公知となっているものまで多様なものが含まれていることから，その利活用と保護のバランスについては，文化的背景や社会の共通理解をもとにきめ細やかに検討される必要がある。

④　セキュリティ確保の原則

AIを積極的に利用することで多くの社会システムが自動化され，安全性が向上する。一方，少なくとも現在想定できる技術の範囲では，希少事象や意図的な攻撃に対してAIが常に適切に対応することは不可能であり，セキュリティに対する新たなリスクも生じる。社会は，常にベネフィットとリスクのバランスに留意し，全体として社会の安全性及び持続可能性が向上するように務めなければならない。

⑤　公正競争確保の原則

新たなビジネス，サービスを創出し，持続的経済成長の維持と社会課題の解決策が提示されるよう，公正な競争環境が維持されるべきである。

⑥　公平性，説明責任及び透明性の原則

「AI-Ready な社会」においては，AIの利用によって，人々が，その人の持つ背景によって不当な差別を受けたり，人間の尊厳に照らして不当な扱いを受けたりすることがないように，公平性及び透明性のある意思決定とその結果に対する説明責任（アカウンタビリティ）が適切に確保され，技術に対する信頼性（Trust）が担保される必要がある。

⑦　イノベーションの原則

・Society 5.0を実現し，AIの発展によって，人も併せて進化していくような継続的なイノベーションを目指すため，国境や産学官民，人種，性別，国籍，年齢，政治的信念，宗教等の垣根を越えて，幅広い知識，視点，発想等に基づき，人材・研究の両面から，徹底的な国際化・多様化と産学官民連携を推進するべきである。
・大学・研究機関・企業の間の対等な協業・連携や柔軟な人材の移動を促さなければならない。
・AI を効率的かつ安心して社会実装するため，AI に係る品質や信頼性の確認に係る手法，AI で活用されるデータの効率的な収集･整備手法，AI の開発・テスト・運用の方法論等の AI 工学を確立するとともに，倫理的側面，経済的側面など幅広い学問の確立及び発展が推進されなければならない。
・AI 技術の健全な発展のため，プライバシーやセキュリティの確保を前提とし，あらゆる分野のデータが独占されることなく，国境を越えて有効利用できる環境が整備される必要がある。また，AI 研究促進のため，国際連携を促進し AI を加速するコンピュータ資源や高速ネットワークが共有して活用される研究開発環境が整備されるべきである。
・政府は，AI 技術の社会実装を促進するため，あらゆる分野で阻害要因となっている規制の改革等を進めなければならない。

(2) 教育改革（AI 人材育成）

2019 年 3 月，統合イノベーション戦略推進会議では，AI の本格導入に向けて，2025 年には，AI 人材を年間 25 万人育てる新しい目標を掲げた。

具体的には，**図 15-4** に示すように，トップクラス AI 人材 100 名を含め，困難な実課題を解決できる AI 人材を年間 2000 名(エキスパート)，様々な分野あるいは地域課題に AI を応用できる AI 人材，および，高専と大学で AI 応用基礎を身に付けた人材（応用基礎）を年間 25 万人育成する目標を掲げた。さらに，高校・中学校・小学校の情報教育においても AI 教育の必要性を提言している。実際，米国では，2018 年より，AI4K12 という小中学生のための AI 教育が開始されており，AI 教育においても世界レベルの競争が始まっていると言える。

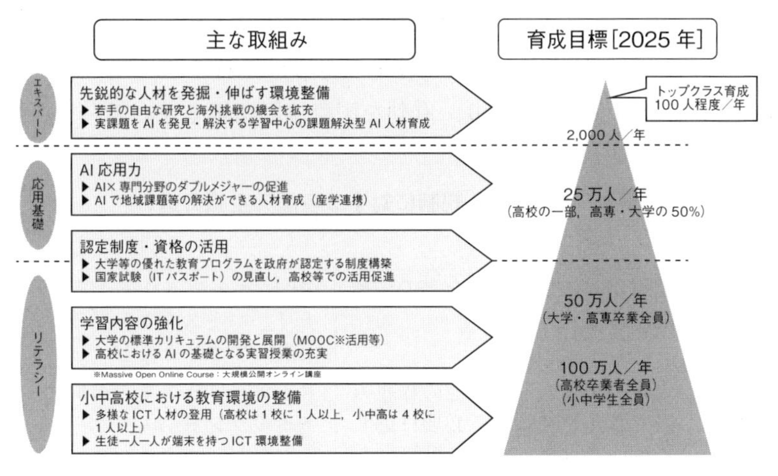

図 15-4　AI 人材 25 万人育成

4. AI 倫理と国際協調

2019 年 8 月，ジュネーブの国連欧州本部で，人の命令とは関係なく，AI が自律的に判断行動して，敵を殺害する AI ロボット兵器である「自律型致死兵器システム」LAWS（Lethal Autonomous Weapons Systems，**図 15-5**）の開発禁止に関する国際ルールが提言された。ルールの内容としては，

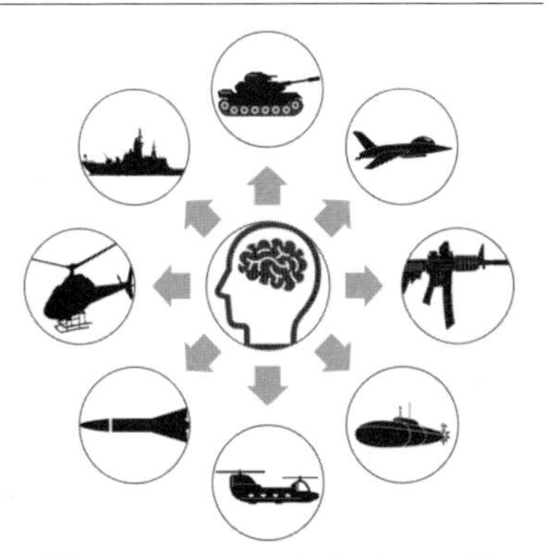

図 15－5　LAWS のイメージ

(1)使う決断の責任はAIでなく，人間が負う，(2)使う決断の責任はAIでなく，人間が負う国際人道法など適用可能な国際法の義務に適合しないといけない，(3)ハッキングや盗聴，テロ集団に奪われたり，技術拡散したりするリスクへの対策をとること，などが含まれている。

しかしながら，LAWS規制に対する姿勢は，**表15-2**に示すように，国単位でかなり異なっており，有効な国際協調路線を進めていく必要がある。

表15-2　LAWS規制に対する各国の主張の違い

	主張	支持国
賛成派	実用化前の禁止条約などの法規制が必要	中国，オーストリア，ブラジル，チリ，パキスタン，イラク，中南米，アフリカなど
中間派	現行の国際人道法などの枠組み内で課題を検証し，必要に応じて政治宣言などの形で規制する	ドイツ，フランス，ベルギー，アイルランド，ルクセンブルク，日本など
反対派	LAWSに特化した新たな規制は不要。現行の国際人道法で規制可能	米国，英国，ロシア，韓国，イスラエル，オーストラリアなど

5. まとめ

本章では，米国，中国，英国，ドイツ，フランス，日本のAI戦略について説明し，AIが世界レベルの競争になっていることを述べた。また，自律型致死兵器システムLAWSの問題が急浮上し，有効な国際協調戦略の必要性について言及した。AIが兵器として利用されることは，許されるべきではないことを世界共通認識にしていきたいものである。

参考文献

[1] エドゥアルド・カンパネラ『AI はなぜ経済成長をもたらしていないのか？，特集：間違いだらけの AI 論』（ニューズウィーク日本版，2018 年 12 月）
https://www.newsweekjapan.jp/stories/technology/2018/12/aiai.php

[2]『国をあげた AI 導入が驚異の GDP を叩き出す。今，シンガポールから目が離せない訳。』（FUJITSU JOURNAL，2017 年 10 月）
https://journal.jp.fujitsu.com/2017/10/20/02/

[3]『世界の名目 GDP（US ドル）ランキング』（世界経済のネタ帳，2018 年 10 月）
https://ecodb.net/ranking/imf_ngdpd.html

[4] AI 白書編集委員会『AI 白書 2019』（独立行政法人情報処理推進機構，2019 年）

[5] Rudina Seseri『米国 AI 構想に本当に必要なもの』（TechCrunch Japan，2019 年 2 月）
https://jp.techcrunch.com/2019/02/20/2019-02-18-what-an-american-artificial-intelligence-initiative-really-needs/

[6] 趙瑋琳『AI 大国に躍り出る中国の動向と課題』（国際金融 1314 号，2018 年 11 月）
https://www.fujitsu.com/jp/Images/20181101zhao-kokusaikinyu.pdf

[7] 人間中心の AI 社会原則会議『人間中心の AI 社会原則（案），配布資料 1-2』（統合イノベーション戦略推進会議（第 4 回），2019 年 3 月）

演習問題

【問題】

(1) 2030 年代後半，欧州の GDP が日本の GDP を上回る可能性があると言われている背景を説明せよ。

(2) 中国政府が投資する，AI 研究開発企業とその内容を述べよ。

(3) 我が国の「人間中心の AI 社会原則」に関する 7 項目を列挙せよ。

(4) どのような国が LAWS 規制に反対しているのか。

解答

(1) AIを受け入れ易い国の方が，そうでない国よりも今後のGDPは成長するという予測があり，日本は，AIでできる仕事を人が担当するケースが予想され，GDPの成長が鈍化し，2030年代後半，欧州に追い越される可能性があると指摘されている。

(2) 中国政府は，現在，自動運転の研究開発を進める百度，スマートシティ実験を進めるアリババ，医療AIを進めるテンセントなどに投資しているが，これ以外にも多くのAIスタートアップに投資している。

(3) ①人間中心の原則，②教育・リテラシーの原則，③プライバシー確保の原則，④セキュリティ確保の原則，⑤公正競争確保の原則，⑥公平性，説明責任及び透明性の原則，⑦イノベーションの原則，の７項目である。

(4) 現在，戦争に関わっている国を中心に，米国，英国，ロシア，韓国，イスラエル，オーストラリアなどの国が，自律型致死兵器システムLAWSの規制に反対している。

索引

●配列は五十音順，＊は人名を示す。

●さ　行

●た　行

●な・は　行

●ま・や・ら・わ 行

●欧文略語

分担執筆者紹介

秋光　淳生（あきみつ・としお）

・執筆章→ 4

1973年　神奈川県に生まれる
東京大学工学部計数工学科卒業
東京大学大学院工学系研究科数理工学専攻修了
東京大学大学院工学系研究科先端学際工学中退
東京大学先端科学技術研究センター助手等を経て
現在　放送大学准教授・博士（工学）
専攻　数理工学
主な著書　情報ネットワークとセキュリティ（共著，放送大学教育振興会）
データの分析と知識発見（単著，放送大学教育振興会）
遠隔学習のためのパソコン活用（共著，放送大学教育振興会）
新訂問題解決の進め方（共著，放送大学教育振興会）

編著者紹介

山口　高平（やまぐち・たかひら）

・執筆章→1～3・5～13・15

1957年　大阪府に生まれる
1979年　大阪大学工学部通信工学科卒業
1984年　大阪大学大学院工学研究科通信工学専攻修士課程・博士課程修了（工学博士）
　　　　大阪大学産業科学研究所助手，静岡大学工学部助教授・情報学部教授
2004年　慶應義塾大学理工学部管理工学教授を経て
現在　　慶應義塾大学名誉教授
専攻　　人工知能
主な著書　人工知能学事典（共著，共立出版）
　　　　データマイニングの基礎（共著，オーム社）
　　　　人工知能とは（共著，近代科学社）

中谷　多哉子（なかたに・たかこ）

・執筆章→ 14

1980 年　東京理科大学理学部応用物理学科卒業
1994 年　筑波大学大学院経営政策・科学研究科経営システム科学専攻修了
1998 年　東京大学大学院総合文化研究科博士後期課程修了
博士（学術）
富士ゼロックス情報システム(株)，(有)エス・ラグーン代表，筑波大学大学院ビジネス科学研究科准教授を経て
現在　放送大学教授
専攻　ソフトウェア工学，要求工学
主な著書　ソフトウェア工学（共著，放送大学教育振興会）
情報学の技術（共著，放送大学教育振興会）
コンピュータとソフトウェア（共著，放送大学教育振興会）
要求工学知識体系 REBOK（共著，近代科学社）

放送大学教材　1950029-1-2011（ラジオ）

ＡＩシステムと人・社会との関係

発　行　　2020年3月20日　第1刷
　　　　　2022年7月20日　第2刷
編著者　　山口高平・中谷多哉子
発行所　　一般財団法人　放送大学教育振興会
　　　　　〒105-0001　東京都港区虎ノ門1-14-1　郵政福祉琴平ビル
　　　　　電話 03（3502）2750

市販用は放送大学教材と同じ内容です。定価はカバーに表示してあります。
落丁本・乱丁本はお取り替えいたします。

Printed in Japan　ISBN978-4-595-32212-9　C1355